I0036088

ALGÈBRE

A LA MÊME LIBRAIRIE

COURS D'ÉTUDES SCIENTIFIQUES, à l'usage des candidats au baccalauréat ès sciences et aux écoles du Gouvernement.

CORBEIL. — Imprimerie B. RENAUDET.

COURS D'ÉTUDES SCIENTIFIQUES

A L'USAGE DES CANDIDATS

AU BACALAURÉAT ÈS SCIENCES ET AUX ÉCOLES DU GOUVERNEMENT

ALGÈBRE

PAR

J. DUFAILLY

PROFESSEUR AU COLLÈGE STANISLA

SIXIÈME ÉDIT ION

PARIS

LIBRAIRIE CH. DELAGRAVE

15, RUE SOUFFLOT 15,

1884

ÉLÉMENTS
D'ALGÈBRE

CHAPITRE PREMIER

CALCUL ALGÉBRIQUE.

Définitions.

1. Le but principal de l'Algèbre est la généralisation des questions relatives aux nombres.

Les nombres se représentent en algèbre au moyen de lettres. On emploie ordinairement les premières lettres de l'alphabet pour représenter les données d'une question, et les dernières pour représenter les inconnues.

Les opérations se représentent au moyen de signes.

L'addition s'indique au moyen du signe $+$ qui signifie *plus* et la soustraction au moyen du signe $-$ qui signifie *moins*.

Le signe de la multiplication est $\times$ qui veut dire *multiplié par*. On indique également le produit de deux ou plusieurs facteurs représentés par des lettres, en les écrivant sans interposer de signes entre eux. Ainsi ab signifie $a \times b$. De même $abcd$ veut dire $a \times b \times c \times d$.

La division s'indique au moyen de deux points placés entre le dividende et le diviseur ou encore à l'aide d'un trait

1

horizontal séparant le dividende du diviseur. Ainsi $a : b$ ou $\dfrac{a}{b}$ signifie a *divisé par* b.

Une puissance d'un nombre représenté par une lettre s'indique comme en arithmétique au moyen d'un exposant. Ainsi a^3 veut dire a troisième puissance ou $a \times a \times a$. De même a^m veut dire a $m^{ième}$ puissance ou a pris m fois comme facteur. — Une lettre sans exposant doit être regardée comme ayant pour exposant l'unité.

Une racine à extraire s'indique à l'aide du signe $\sqrt{\ }$ que l'on nomme *radical*. Lorsqu'il s'agit d'une racine autre que la racine carrée, on place dans l'ouverture du signe un nombre ou une lettre nommée *indice*, qui indique l'espèce de la racine. Ainsi $\sqrt[3]{a}$ signifie la racine cubique de a ; $\sqrt[m]{b}$ signifie la racine $m^{ième}$ de b, c'est-à-dire le nombre qui pris m fois comme facteur reproduit b.

L'égalité entre deux expressions s'indique au moyen du signe $=$. Ainsi $a = b$ veut dire a égale b.

Lorsque deux expressions sont inégales, on interpose entre elles le signe $>$ en plaçant l'ouverture du côté de la plus grande. Ainsi $a > b$ signifie a plus grand que b ; $c < d$ signifie c plus petit que d.

2. Lorsque l'on traite une question par l'algèbre, on obtient pour résultat *une formule*, c'est-à-dire une expression indiquant les opérations que l'on doit effectuer sur les données de la question pour la résoudre. Une formule permet donc de résoudre tous les problèmes qui ne diffèrent de celui qui lui a donné naissance, que par les valeurs numériques des données.

Ainsi soit proposé de chercher l'intérêt que rapporte un capital placé pendant un certain temps à un taux déterminé. En représentant par a le capital, par i le taux, par t le temps exprimé en années et par x l'intérêt cherché, on trouve pour résultat :

$$x = \frac{ait}{100}.$$

Cette formule montre que pour avoir l'intérêt rapporté par la somme a, on doit multiplier cette somme par le taux et le temps exprimé en années, et diviser par 100 le produit de ces trois facteurs. Elle donne donc le moyen d'obtenir la solution de toute question analogue à la proposée.

3. Toute indication d'opérations entre des nombres représentés par des lettres est *une expression algébrique.*

Une expression algébrique est *rationnelle* lorsqu'elle ne renferme pas de radicaux. Une expression rationnelle est *entière* lorsqu'elle ne contient l'indication d'aucune division.

Lorsqu'une expression algébrique renferme des radicaux, elle est *irrationnelle ;* lorsqu'elle contient l'indication d'une division, elle est dite *fractionnaire.*

4. On nomme *monome* ou *terme* une expression algébrique dans laquelle ne se trouve l'indication ni d'une addition, ni d'une soustraction.

Ainsi les expressions

$$3a^2b, \quad \frac{ab}{c}, \quad \sqrt{abc}$$

sont des monomes.

Plusieurs monomes liés entre eux au moyen des signes de l'addition ou de la soustraction constituent un *polynome.* — Un polynome de deux termes se nomme *binome ;* un polynome de trois termes est un *trinome.*

Ainsi les expressions

$$a + b, \quad a^2 + 2ab + b^2$$

sont, la première un binome et la seconde un trinome.

5. On nomme *coefficient* un facteur numérique placé devant une lettre ou un terme. Ainsi dans l'expression

$$7a^3b^2c$$

7 est le coefficient et signifie que le produit a^3b^2c doit être multiplié par 7. L'expression n'est donc autre que la représentation du produit suivant :

$$a \times a \times a \times b \times b \times c \times 7.$$

Tout terme qui n'a pas de coefficient doit être considéré comme ayant l'unité pour coefficient.

6. On nomme *valeur numérique* d'une expression algébrique le nombre que l'on obtient en remplaçant les lettres de l'expression par des nombres et en effectuant les opérations indiquées. Ainsi, 31 est la valeur numérique de l'expression

$$5a - 3b + 2c - 4d,$$

si l'on suppose

$$a = 10, \quad b = 5, \quad c = 4, \quad d = 3.$$

On voit aisément que pour obtenir cette valeur on peut chercher séparément la valeur numérique des termes précédés du signe + et ajouter les résultats, puis faire de même pour les termes précédés du signe —, et enfin retrancher cette dernière somme de la première.

Il résulte de cette remarque que la valeur numérique d'un polynome ne change pas dans quelque ordre que l'on écrive les termes qui le composent pourvu que l'on conserve devant chacun de ces termes le signe qui le précède. — Le premier terme d'un polynome non précédé d'un signe doit être considéré comme affecté du signe +. Dans un polynome les termes affectés du signe + se nomment *termes positifs*; ceux précédés du signe — sont dits *termes négatifs*.

7. Nombres négatifs. — Il peut arriver qu'en attribuant certaines valeurs numériques aux lettres qui entrent dans un polynome, la somme des termes positifs soit moindre que la somme des termes négatifs. Ainsi, si dans le polynome

$$a - b + c - d,$$

on suppose

$$a = 10, \quad c = 2, \quad b = 7, \quad d = 13,$$

on obtient 12 pour la somme des termes positifs, 20 pour celle des termes négatifs et l'on se trouve alors en présence d'une soustraction impossible. *On convient* dans ce cas de passer outre et de faire l'opération dans le sens dans lequel elle est possible, mais en ayant soin d'affecter le résultat du signe —. Ainsi l'on dira que la valeur numérique du polynome en question est — 8. Cette *convention* donne naissance à des nombres, nommés *nombres négatifs* que l'on introduit dans le calcul algébrique dans un but de généralisation.

Si d'un certain nombre, 15 par exemple, on retranche successivement les nombres 12, 13, 14, 15, 16, 17, 18, 19 ....., on obtient pour résultats d'abord les nombres 3, 2, 1, puis zéro, puis par convention les nombres négatifs — 1, — 2, — 3, — 4 ..... Or, lorsque l'on retranche d'un nombre d'autres nombres qui vont en croissant, il est évident que les résultats obtenus sont de plus en plus petits. En étendant cette vérité aux nombres négatifs, on dira donc qu'ils sont moindres que zéro et qu'ils ont une valeur d'autant moindre que leur *valeur absolue*, c'est-à-dire abstraction faite du signe *moins*, est plus grande. Il ne faut pas d'ailleurs perdre de vue que cette évaluation des nombres négatifs n'est autre que le résultat d'une *convention*.

8. Termes semblables. — Leur réduction. — On nomme *termes semblables* des termes composés des mêmes lettres affectées des mêmes exposants. — Ces termes ne peuvent ainsi différer que par le coefficient et le signe. Par exemple,

$$15a^3b^2c, \quad 8a^3b^2c, \quad 25a^3b^2c,$$

sont des termes semblables.

Lorsqu'un polynome renferme des termes semblables, on peut les réduire à un seul : c'est ce qu'on nomme *opérer leur réduction*.

Soit, par exemple, le polynome

$$12a^2b — 7a^3 — 5a^2b + 10a^3 + 3a^2b — 11a^3 — 2a^2b + 4a^3.$$

On peut d'abord, sans changer la valeur de ce polynome, intervertir l'ordre de ses termes et l'écrire ainsi :

$$12a^2b + 3a^2b — 5a^2b — 2a^2b + 10a^3 + 4a^3 — 7a^3 — 11a^3.$$

Or, il est évident que 12 fois a^2b plus 3 fois a^2b valent 15 fois a^2b ou $15a^2b$; on doit en retrancher 5 fois a^2b, puis encore 2 fois a^2b, en tout 7 fois a^2b. Il reste donc 8 fois a^2b, et les quatre premiers termes du polynome se réduisent ainsi au terme unique $8a^2b$.

De même $10a^3 + 4a^3$ valent $14a^3$ dont il faut retrancher $7a^3$, puis $11a^3$, en tout $18a^3$; ce qui donne — $4a^3$ en vertu de la convention relative aux nombres négatifs (7).

Le polynome proposé se trouve donc réduit à

$$8a^2b - 4a^3.$$

Il résulte de ce qui précède que *pour opérer la réduction des termes semblables, on additionne d'une part les coefficients des termes affectés du signe plus, d'autre part les coefficients des termes affectés du signe moins ; puis on retranche la plus petite somme de la plus grande et l'on donne au résultat le signe de la plus grande. On a ainsi le coefficient et le signe du terme unique en lequel se réduisent les termes proposés.*

Opérations algébriques.

9. Les opérations algébriques ont pour but de transformer les expressions qui résultent de leur indication en d'autres expressions équivalentes, c'est-à-dire ayant la même valeur numérique.

ADDITION.

10. Addition des monomes. — *Pour additionner entre eux deux ou plusieurs monomes, on n'a qu'à les écrire les uns à la suite des autres en interposant entre eux le signe $+$.*

11. Addition des polynomes. — Soit proposé d'ajouter à un polynome P un polynome $a - b + c - d$, ce qui s'indique comme il suit, en renfermant dans une parenthèse le polynome $a - b + c - d$.

$$P + (a - b + c - d).$$

Supposons que dans le polynome à ajouter la somme des termes positifs l'emporte sur la somme des termes négatifs. Ce polynome peut s'écrire $a + c - b - d$, il vaut donc $a + c$ diminué de b puis de d ou de $b + d$. Par suite on aura la somme demandée en ajoutant à P, a puis c, et retranchant ensuite du résultat obtenu, b puis d. On a ainsi

$$P + a + c - b - d,$$

ou en intervertissant l'ordre des termes

$$P + a - b + c - d,$$

donc
$$P + (a - b + c - d) = P + a - b + c - d. \quad (1)$$

Pour ajouter un polynome à une expression algébrique, il suffit donc d'écrire à la suite de cette expression tous les termes du polynome affectés de leurs signes.

Si l'on a plusieurs polynomes à additionner, on ajoute d'abord le second au premier, puis le troisième au résultat et ainsi de suite. S'il existe dans la somme obtenue des termes semblables, on opère leur réduction.

Nous avons supposé pour établir la règle de l'addition des polynomes, que la somme des termes positifs du polynome à ajouter était plus grande que la somme des termes négatifs. Lorsque le cas contraire se présente, nous conviendrons d'appliquer la même règle et d'appeler encore somme le résultat obtenu en appliquant cette règle. La formule (1) sera ainsi l'expression de la somme des quantités P et $a - b + c - d$, quelles que soient les valeurs attribuées aux lettres renfermées dans ces quantités.

12. Si dans la formule (1) on suppose a, b et c égaux à zéro, il vient :
$$P + (-d) = P - d.$$

On voit par ce résultat qu'ajouter à une quantité un nombre négatif revient à en retrancher ce nombre. — D'après cela, on peut dire qu'un polynome est *la somme* de tous ses termes, chacun de ceux-ci étant supposé lié à son signe. Ainsi
$$a - b + c - d = a + (-b) + c + (-d).$$

Une telle somme porte le nom de *somme algébrique.*

SOUSTRACTION.

13. On se propose dans la soustraction algébrique de déterminer une expression qui ajoutée à l'expression à soustraire donne pour résultat l'expression dont on soustrait.

De cette définition résulte la règle suivante :

Pour soustraire une expression algébrique d'une autre, on l'écrit à la suite de la première après avoir changé les signes de tous ses termes. On fait ensuite, s'il y a lieu, la réduction des termes semblables.

Ainsi soit à soustraire de la quantité P le polynome $a - b + c - d$, ce qui s'indique comme il suit, en renfermant le polynome à soustraire dans une parenthèse :

$$P - (a - b + c - d).$$

Le résultat de l'opération sera

$$P - a + b - c + d.$$

En effet, si à cette quantité on ajoute le polynome à soustraire $a - b + c - d$, on aura en vertu de la règle de l'addition :

$$P - a + b - c + d + (a - b + c - d) = P.$$

14. On obtient de même :

$$P - (- d) = P + d,$$

car en ajoutant $- d$ à $P + d$, on obtient pour résultat P.

Ce dernier exemple montre que retrancher d'une quantité un nombre négatif revient à ajouter ce nombre, abstraction faite de son signe.

Remarque. — Il résulte de l'égalité

$$P - (a - b + c - d) = P - a + b - c + d$$

que l'on peut renfermer dans une parenthèse précédée du signe — un certain nombre de termes d'un polynome, en ayant soin de changer le signe de chacun d'eux.

MULTIPLICATION.

15. Multiplication des monomes. — Soit à multiplier le monome $7a^4b^3c^2$ par $5a^2b$. On a :

$$7a^4b^3c^2 \times 5a^2b = (7 \times a^4 \times b^3 \times c^2)(5 \times a^2 \times b).$$

Or on a vu en arithmétique : 1° que pour multiplier un nombre par un produit de facteurs, on peut multiplier le nombre successivement par les facteurs du produit ; 2° que dans un produit de plusieurs facteurs, on peut intervertir comme on veut l'ordre des facteurs ; 3° que dans un produit de facteurs, on peut remplacer deux ou plusieurs d'entre eux par leur produit effectué. On aura donc successivement :

$$7a^4b^3c^2 \times 5a^2b = 7 \times a^4 \times b^3 \times c^2 \times 5 \times a^2 \times b$$
$$= 7 \times 5 \times a^4 \times a^2 \times b^3 \times b \times c^2$$
$$= 35a^6b^4c^2.$$

Ainsi *pour faire le produit de deux monomes l'un par l'autre, on multiplie entre eux les coefficients, on donne aux lettres communes un exposant égal à la somme des exposants qu'elles possèdent dans les facteurs et l'on écrit telles quelles les lettres non communes.*

La même règle est applicable au produit de plusieurs monomes. Ainsi :

$$3a^2b^2c \times 5ab^4c^2 \times 8a^2cd^3 = 120a^5b^6c^4d^3.$$

16. Multiplication d'un polynome par un monome. — Soit à multiplier le polynome $a - b + c$ par le monome m, ce qui s'indique ainsi, au moyen d'une parenthèse :

$$(a - b + c)m.$$

Supposons d'abord que m représente un nombre entier. L'opération consiste alors à répéter m fois le multiplicande $a - b + c$, c'est-à-dire à faire la somme de m polynomes égaux chacun à $a - b + c$.

Il est aisé de voir que cette somme est égale à $am - bm + cm$. Donc dans le cas de m entier,

$$(a - b + c)m = am - bm + cm.$$

Supposons maintenant que m représente un nombre fractionnaire et posons $m = \dfrac{p}{n}$, p et n représentant des nombres entiers. Il s'agit ici pour obtenir le produit de prendre la $n^{\text{ième}}$ partie du multiplicande et de la répéter p fois. Or la $n^{\text{ième}}$ partie du multiplicande est

$$\frac{a}{n} - \frac{b}{n} + \frac{c}{n},$$

car si l'on multiplie cette dernière expression par le nombre entier n, on obtient comme produit $a - b + c$, ce qui résulte du cas qui vient d'être examiné. Donc répétant p fois cette $n^{ième}$ partie, on aura pour le produit demandé :

$$\frac{ap}{n} - \frac{bp}{n} + \frac{cp}{n} \quad \text{ou} \quad am - bm + cm.$$

On a donc encore

$$(a - b + c)m = am - bm + cm.$$

Donc dans tous les cas, *pour multiplier un polynome par un monome, on multiplic successivement les termes du multiplicande par le multiplicateur et l'on place devant chaque produit le signe du terme du multiplicande qui donne naissance à ce produit.*

17. Multiplication d'un monome par un polynome. — On sait que l'on peut intervertir l'ordre des facteurs d'un produit, donc

$$(a - b + c)m = m(a - b + c).$$

Par suite :

$$m(a - b + c) = am - bm + cm = ma - mb + mc.$$

De là résulte que *pour multiplier un monome par un polynome, on multiplic le monome successivement par les différents termes du polynome et l'on place devant chaque produit le signe du terme du multiplicateur qui donne naissance à ce produit.*

Remarque. — L'égalité

$$(a - b + c)m = am - bm + cm$$

montre qu'étant donné un polynome dont les termes renferment un facteur commun m, on peut mettre ce facteur en évidence.

Ainsi en opérant *la mise en facteur commun*, le polynome

$$12a^4b^3 - 8ab^3 + 6a^2b^2$$

s'écrira

$$(6a^3b - 4b + 3a)2ab^2,$$

ou encore

$$2ab^2(6a^3b - 4b + 3a) ;$$

de même on aura

$$5a^2 - 3a^2b - 7a^3 + 8a^3b - 5a^3b^2 = (5 - 3b)a^2 - (7 - 8b + 5b^2)a^3.$$

Ces transformations ont une grande importance dans le calcul algébrique.

18. Multiplication des polynomes. — Soit à multiplier le polynome $a - b + c$ par le polynome $m - n + p$, ce qui s'indique ainsi :

$$(a - b + c)(m - n + p).$$

En représentant par P la valeur du multiplicande, on a :

$$(a - b + c)(m - n + p) = P(m - n + p) = Pm - Pn + Pp.$$

Or

$$Pm = (a - b + c)m = am - bm + cm$$
$$Pn = (a - b + c)n = an - bn + cn$$
$$Pp = (a - b + c)p = ap - bp + cp.$$

Donc, d'après les règles de l'addition et de la soustraction,

$$(a - b + c)(m - n + p) = am - bm + cm - an + bn - cn + ap - bp + cp.$$

On voit ainsi que le résultat renferme les produits deux à deux des termes du multiplicande par les termes du multiplicateur ; de plus, on remarque que le produit de deux termes quelconques est affecté du signe *plus* lorsque ces termes ont l'un et l'autre le même signe, et du signe *moins* lorsque ces termes ont des signes contraires.

De là cette règle :

Pour multiplier l'un par l'autre deux polynomes, on multiplie successivement les termes du multiplicande par chacun des termes du multiplicateur en ayant soin d'observer la règle des signes, laquelle s'énonce ainsi : Le produit de deux termes de même signe est positif, et le produit de deux termes de signes contraires est négatif.

On opère ensuite s'il y a lieu la réduction des termes semblables.

19. Remarque. — Pour établir cette règle ainsi que les précédentes, on a supposé implicitement que dans les polynomes considérés la somme des termes positifs l'emporte sur celle des termes négatifs. Nous conviendrons d'appliquer encore la règle dans le cas où cette condition ne serait pas remplie et nous nommerons produit des expressions proposées le résultat que nous obtiendrons ainsi.

20. Monomes isolés. — Quelque valeur que l'on attribue aux lettres a, b, c, d, on aura toujours, en vertu de la convention qui précède :

$$(a - b)(c - d) = ac - bc - ad + bd.$$

Si dans cette formule on fait : $b = o$, $c = o$, il vient :

$$a(-d) = -ad.$$

Si l'on y fait $a = o$, $d = o$, il vient :

$$(-b)c = -bc.$$

Enfin, si l'on fait $a = o$, $c = o$, il vient

$$(-b)(-d) = +bd,$$

comme d'ailleurs $b \times d = +bd$, on voit que le produit de deux monomes isolés prend le signe *plus* lorsque les facteurs ont le même signe, et le signe *moins* lorsque les facteurs ont des signes contraires.

21. Produit de plusieurs facteurs. — Pour faire le produit de plusieurs polynomes, on multiplie le premier par le second, puis le résultat par le troisième et ainsi de suite.

Un produit de facteurs est positif ou négatif suivant que le nombre des facteurs négatifs est pair ou impair. Ceci résulte immédiatement de la règle des signes. Les puissances paires d'un nombre négatif sont donc positives et les puissances impaires sont négatives.

Ainsi :

$$(-a)^6 = a^6 \quad \text{et} \quad (-a)^7 = -a^7.$$

On remarquera à ce sujet que lorsque deux quantités ne diffèrent que par le signe, leurs puissances paires sont égales. Ainsi :

$$(- a)^6 = (+ a)^6.$$

Lorsque dans un produit on change le signe d'un nombre pair de facteurs, le produit ne change pas de signe ; il en change lorsque l'on change le signe d'un nombre impair de facteurs. — Il est clair que l'on change le signe de la valeur d'un polynome en changeant le signe de chacun des termes de ce polynome (6).

22. Définitions. — On entend par *ordonner un polynome*, écrire ses termes dans un ordre tel que les exposants d'une même lettre, nommée *lettre ordonnatrice*, aillent en croissant ou en décroissant.

Ainsi le polynome

$$2a^3 - 5a^2b + 7ab^2 - 3b^3$$

est ordonné par rapport aux puissances décroissantes de la lettre a. On peut remarquer qu'il est également ordonné par rapport aux puissances croissantes de la lettre b.

On nomme *degré* d'un terme entier la somme des exposants de ses facteurs littéraux. Par exemple, les termes

$$25a^3b^2c \qquad 12abc^2$$

sont, le premier du sixième degré, le second du quatrième degré.

Un polynome est dit *homogène* lorsque tous ses termes sont du même degré. Le polynome

$$4a^5 - 3a^4b + 6a^3b^2 - 7a^2b^3$$

est un polynome homogène du cinquième degré.

Lorsqu'un polynome est entier, on nomme *degré* de ce polynome, *par rapport à une lettre*, l'exposant le plus élevé qui affecte cette lettre dans le polynome. Par exemple, le polynome qui précède est du cinquième degré en a ; il est du troisième degré en b.

23. Lorsque l'on a à effectuer le produit de deux polynomes l'un par l'autre, il est utile d'ordonner au préalable les facteurs de la même manière, c'est-à-dire par rapport aux puissances croissantes ou décroissantes de la même lettre. Moyennant cette précaution, les puissances de la lettre ordonnatrice se succèdent dans le même ordre dans chaque produit partiel, et la recherche des termes semblables se trouve ainsi facilitée, surtout si l'on a soin de disposer les produits partiels de telle sorte que les termes qui renferment dans chacun d'eux la lettre ordonnatrice à la même puissance se trouvent placés dans la même colonne.

EXEMPLE.—Multiplier $5a^3-3a^2b+2ab^2-b^3$ par $2a^2+6ab-3b^2$.

On donne à l'opération la disposition suivante :

$$5a^3- 3a^2b+ 2ab^2-b^3$$
$$2a^2+ 6a\,b- 3b^2$$
$$\overline{10a^5- 6a^4b+ 4a^3b^2- 2a^2b^3}$$
$$+5 0a^4b-18a^3b^2+12a^2b^3- 6ab^4$$
$$-15a^3b^2+ 9a^2b^3- 6ab^4+3b^5$$
$$\text{Produit} = \overline{10a^5+24a^4b-29a^3b^2+19a^2b^3-12ab^4+3b^5}$$

REMARQUE. — Il résulte de la règle de la multiplication des monomes que dans une telle multiplication le degré du produit est égal à la somme des degrés des facteurs : le produit de deux polynomes homogènes doit donc être lui-même un polynome homogène de degré égal à la somme des degrés des facteurs. Ainsi dans l'exemple qui précède, le multiplicande est homogène et du troisième degré, le multiplicateur est homogène et du second degré, et le produit est un polynome homogène du cinquième degré.

24. Lorsque l'on veut ordonner un polynome, il peut arriver que l'on rencontre dans plusieurs de ses termes la lettre ordonnatrice affectée du même exposant, ainsi par exemple

$$2a^3-5a^3b+7a^3b^2+6a^2b-7a^2b^2+5a-6ab.$$

Dans ce cas le polynome peut s'écrire de la façon suivante :

$$(2-5b+7b^2)a^3+(6b-7b^2)a^2+(5-6b)a,$$

ou encore

$$\begin{array}{c|c|c|c}
2 & a^3+6b & a^2+5 & a \\
-5b & -7b^2 & -6b & \\
+7b^2 & & &
\end{array}$$

Si l'on a à effectuer le produit de deux polynomes dans ces conditions, on peut regarder les expressions comprises entre parenthèses ou situées à gauche des traits verticaux, comme étant les coefficients des différentes puissances de la lettre ordonnatrice. On applique alors la règle ordinaire de la multiplication, seulement les produits des coefficients deviennent des multiplications de polynomes. — Il est bon d'ailleurs d'ordonner de la même manière tous les coefficients polynomes.

EXEMPLE. — Multiplier le polynome

$$(2-5b+7b^2)a^3+(6b-7b^2)a^2+(5-6b)a$$

par le polynome

$$(3+2b)a^2-(5+3b)a.$$

L'opération se dispose ainsi qu'il suit :

2	a^3+ 6b	a^2+ 5	a	
− 5b	− $7b^2$	− 6b		
+ $7b^2$				

3	a^2- 5	a		
+ 2b	+ 3b			

6	a^5+18b	a^4+15	a^3-25	a^2
−15b	−$21b^2$	−18b	+30b	
+$21b^2$	+$12b^2$	+10b	+15b	
+ 4b	−$14b^3$	−$12b^2$	−$18b^2$	
−$10b^2$	−10	−30b		
+$14b^3$	+25b	+$35b^2$		
	−$35b^2$	+$18b^2$		
	+ 6b	−$21b^3$		
	−$15b^2$			
	+$21b^3$			

Produit
6	a^5-10	a^4+15	a^3-25	a^2
−11b	+49b	−38b	+45b	
+$11b^2$	−$59b^2$	+$41b^2$	−$18b^2$	
+$14b^3$	+ $7b^3$	−$21b^3$		

25. Nombre des termes d'un produit de deux polynomes.

— Le produit de deux polynomes renferme *au plus* un nombre de termes égal au produit du nombre des termes du multiplicande par le nombre des termes du multiplicateur ; ceci résulte évidemment de la règle de la multiplication.

D'autre part, le produit de deux polynomes a *au moins* deux termes. En effet, si l'on a ordonné le multiplicande et le multiplicateur de la même manière, on reconnaît aisément que le premier et le dernier terme du produit sont irréductibles, car ils renferment la lettre ordonnatrice, l'un avec un exposant plus fort, l'autre, avec un exposant plus faible que ceux qu'elle possède dans les autres termes.

26. Exemples de multiplications remarquables. — 1° En multipliant le binome $a + b$ par lui-même, c'est-à-dire en l'élevant au carré, on a

$$(a + b)^2 = a^2 + 2ab + b^2,$$

donc *le carré de la somme de deux quantités est égal au carré de la première, plus le double produit de la première par la seconde, plus le carré de la seconde.*

2° En multipliant le binome $a - b$ par lui-même, on trouve :

$$(a - b)^2 = a^2 - 2ab + b^2.$$

Le carré de la différence de deux quantités est donc égal au carré de la première, moins le double produit de la première par la seconde, plus le carré de la seconde.

3° En faisant le produit du binome $a + b$ par $a - b$, il vient

$$(a + b)(a - b) = a^2 - b^2.$$

On voit par ce résultat que *le produit de la somme de deux quantités par leur différence est égal à la différence des carrés de ces quantités.*

4° En effectuant le produit de trois facteurs égaux chacun à $a + b$, c'est-à-dire en élevant au cube le binome $a + b$, on trouve

$$(a + b)^3 = a^3 + 3a^2b + 3ab^2 + b^3,$$

donc *le cube de la somme de deux quantités est égal au cube de la première, plus le triple produit du carré de la première par la seconde, plus le triple produit de la première par le carré de la seconde, plus le cube de la seconde.*

5° Effectuant le produit de trois facteurs égaux chacun à $a - b$, il vient.

$$(a - b)^3 = a^3 - 3a^2b + 3ab^2 - b^3,$$

donc *le cube de la différence de deux quantités est égal au cube de la première, moins le triple produit du carré de la première par la seconde, plus le triple produit de la première par le carré de la seconde, moins le cube de la seconde.*

DIVISION.

27. On se propose dans la division algébrique de trouver une expression nommée quotient qui multipliée par le diviseur reproduise le dividende.

28. Division des monomes. — Soit à diviser le monome $72a^4b^5c^3d^2$ par $8a^2b^2c^3$.

Le quotient multiplié par le diviseur doit reproduire le dividende. Si l'on se reporte aux règles de la multiplication algébrique, on voit qu'il sera un monome ayant pour coefficient le nombre 9, quotient de 72 par 8. Ce monome contiendra la lettre a avec l'exposant 2, différence des exposants qu'elle possède dans le dividende et le diviseur ; il contiendra également la lettre b avec l'exposant 3 et la lettre d avec l'exposant 2. Quant à la lettre c, elle ne devra pas exister dans le quotient puisqu'elle entre avec le même exposant dans le dividende et le diviseur. On a donc

$$\frac{72a^4b^5c^3d^2}{8a^2b^2c^3} = 9a^2b^3d^2.$$

De là cette règle : *Pour diviser deux monomes l'un par l'autre, on divise le coefficient du dividende par celui du diviseur et l'on a le coefficient du quotient ; on écrit chaque lettre commune en l'affectant d'un exposant égal à l'excès de l'exposant qu'elle a dans le dividende sur celui dont elle est affectée dans le diviseur ; on n'écrit pas les lettres communes qui ont le même exposant dans le dividende et le diviseur, et enfin on écrit telles quelles les lettres du dividende qui ne se trouvent pas dans le diviseur.*

29. Lorsqu'une division algébrique ne peut donner un

quotient entier, on dit qu'elle est *impossible*. Ceci posé, une division de monomes est impossible :

1° Lorsque le coefficient du dividende n'est pas divisible par celui du diviseur ;

2° Lorsqu'une lettre commune a dans le dividende un exposant moindre que celui dont elle est affectée dans le diviseur;

3° Lorsqu'une lettre du diviseur n'existe pas dans le dividende.

Lorsqu'une division est impossible, on se contente de l'indiquer et l'on obtient ainsi ce qu'on nomme une *fraction algébrique*.

30. Exposant zéro. — On a vu qu'une lettre affectée du même exposant dans le dividende et le diviseur ne s'écrit pas au quotient. On peut néanmoins l'y inscrire comme il va être indiqué.

Si l'on a à diviser a^m par a^n, le quotient est a^{m-n} et ce résultat suppose que m est plus grand que n : mais lorsque $n = m$, la différence $m - n$ devient égale à zéro et l'expression a^{m-n} se transforme en a^0. Il est clair que si l'on se reporte à la définition de l'exposant, a^0 est une expression vide de sens, mais comme elle provient de la division d'une quantité a^m par elle-même, et qu'une telle division donne pour quotient l'unité, on peut convenir d'admettre en algèbre la notation a^0 comme représentant le nombre *un*. Ainsi *par convention*, toute lettre affectée de l'exposant zéro signifie *un*, ce qu'on exprime en disant qu'elle est *le symbole* de l'unité.

31. Division d'un polynome par un monome. — Soit à diviser le polynome

$$12a^3b - 8a^2b^2 + 16ab^3$$

par le monome $4ab$.

Le quotient multiplié par le diviseur doit reproduire le dividende. Il sera donc un polynome ayant trois termes, c'est-à-dire autant de termes que le diviseur en contient. De plus, comme on multiplie un polynome par un monome en multipliant successivement ses différents termes par le monome et conservant devant les produits partiels les signes des termes du multiplicande, *on obtiendra les termes du quotient cherché en divisant successivement les termes du dividende par le diviseur et l'on placera devant les quotients succesifs les signes des termes du dividende qui leur donnent naissance.*

On trouve ainsi :

$$\frac{12a^3b - 8a^2b^2 + 16ab^3}{4ab} = 3a^2 - 2ab + 4b^2.$$

Il est clair que la division d'un polynome par un monome n'est possible qu'autant que chacun des termes du dividende est divisible par le diviseur.

32. Division d'un polynome par un polynome. — Soit à diviser le polynome

$$10a^5 + 24a^4b - 29a^3b^2 + 19a^2b^3 - 12ab^4 + 3b^5$$

par le polynome

$$5a^3 - 3a^2b + 2ab^2 - b^3.$$

Supposons qu'il existe un polynome entier dont le produit par le diviseur soit égal au dividende. Ce dernier étant ainsi que le diviseur ordonné par rapport aux puissances décroissantes de la lettre a, on remarquera que son premier terme $10a^5$ provient sans réduction de la multiplication du premier terme $5a^3$ du diviseur par le premier terme du quotient (25). On obtiendra par suite le premier terme du quotient en divisant $10a^5$ par $5a^3$, ce qui donne $2a^2$. Le produit du diviseur par $2a^2$ étant retranché du dividende, il vient, réductions faites :

$$30a^4b - 33a^3b^2 + 21a^2b^3 - 12ab^4 + 3b^5$$

et ce polynome est le produit du diviseur par l'ensemble des termes que l'on a encore à trouver au quotient. Son premier terme $30a^4b$ provient donc sans réduction de la multiplication de $5a^3$ par le second terme du quotient, et l'on obtiendra ce second terme en divisant $30a^4b$ par $5a^3$, ce qui donne $6ab$. Le produit du diviseur par $6ab$ étant retranché du dividende correspondant, il vient, réductions faites :

$$- 15a^3b^2 + 9a^2b^3 - 6ab^4 + 3b^5$$

et l'on est conduit encore par un raisonnement semblable à

celui employé déjà, à diviser — $15a^3b^2$ par le premier terme $5a^3$ du diviseur pour avoir le troisième terme du quotient, lequel est — $3b^2$, car $5a^3 \times - 3b^2 = - 15a^3b^2$.

Retranchant enfin du dernier dividende le produit du diviseur par — $3b^2$, on obtient pour reste zéro et la division est terminée.

Le quotient demandé est donc :

$$2a^2 + 6ab - 3b^2.$$

De ce qui précède résulte la règle suivante :

Pour diviser un polynome par un polynome, on commence par ordonner le dividende et le diviseur par rapport aux puissances décroissantes ou croissantes d'une même lettre. On divise ensuite le premier terme du dividende par le premier terme du diviseur : le quotient est le premier terme du quotient. On multiplie le diviseur par ce terme et l'on retranche du dividende le produit obtenu. — On ordonne le reste comme le dividende et l'on divise son premier terme par le premier terme du diviseur : on a ainsi le second terme du quotient. On multiplie le diviseur par ce second terme et l'on retranche le produit du dividende correspondant. On ordonne le nouveau reste comme le précédent, on divise son premier terme par le premier terme du diviseur, ce qui donne le troisième terme du quotient, et ainsi de suite jusqu'a ce qu'on obtienne un reste zéro, ce qui arrivera nécessairement lorsque la division proposée est possible, c'est-à-dire lorsque le dividende est le produit du diviseur par un polynome entier.

Dans la division du premier terme de chacun des dividendes successifs par le premier terme du diviseur, on observe la règle des signes, laquelle est la même que pour la multiplication.

L'opération se dispose comme il suit :

$$
\begin{array}{l|l}
10a^5+24a^4b-29a^3b^2+19a^2b^3-12ab^4+3b^5 & 5a^3-3a^2b+2ab^2-b^3 \\
-10a^5+\ 6a^4b-\ 4a^3b^2+\ 2a^2b^3 & \overline{2a^2+6ab-3b^2} \\
\end{array}
$$

$$+30a^4b-33a^3b^2+21a^2b^3-12ab^4$$
$$-30a^4b+18a^3b^2-12a^2b^3+\ 6ab^4$$

$$-15a^3b^2+\ 9a^2b^3-\ 6ab^4+3b^5$$
$$+15a^3b^2-\ 9a^2b^3+\ 6ab^4-3b^5$$

$$0$$

REMARQUE. — Lorsque dans les polynomes proposés, il existe

plusieurs termes renfermant la lettre ordonnatrice avec le même exposant, on les dispose comme il a été indiqué pour le cas analogue de la multiplication (24). On opère ensuite en suivant la règle qui vient d'être indiquée : seulement alors les divisions partielles deviennent des divisions de polynomes.

EXEMPLE. — Diviser le polynome

$$(6 - 11b + 11b^2 + 14b^3)a^5 - (10 - 49b + 59b^2 - 7b^3)a^4$$
$$+ (15 - 38b + 41b^2 - 21b^3)a^3 - (25 - 45b + 18b^2)a^2,$$

par le polynome

$$(2 - 5b + 7b^2)a^3 + (6b - 7b^2)a^2 + (5 - 6b)a.$$

On dispose ainsi l'opération :

Divisions partielles.

33. Divisions impossibles. — Nous avons supposé pour établir la règle de la division des polynomes que le dividende était le produit du diviseur par un polynome entier. Dans le cas où cette condition n'est pas remplie, la règle qui vient d'être exposée permet de le reconnaître. En effet, on déduit immédiatement de cette règle qu'une division de polynomes est impossible lorsque le premier terme d'un des restes successifs n'est pas divisible par le premier terme du diviseur. Ce caractère d'impossibilité se manifeste toujours lorsque les polynomes sur lesquels on opère sont ordonnés par rapport aux puissances décroissantes d'une même lettre. En effet, dans ce cas le degré de chacun des restes successifs par rapport à la lettre ordonnatrice va en décroissant, et si la division n'est pas possible, on arrive nécessairement après un certain nombre d'opérations à un reste de degré moindre que le diviseur par rapport à la lettre ordonnatrice. La division du premier terme de ce reste par le premier terme du diviseur ne peut donc pas s'effectuer.

On reconnaît encore que la division de deux polynomes ordonnés par rapport aux puissances décroissantes d'une lettre n'est pas possible, lorsqu'on se trouve conduit par la suite des opérations à écrire au quotient un terme dans lequel la lettre ordonnatrice a un exposant moindre que la différence des exposants qu'elle possède dans le dernier terme du dividende et le dernier du diviseur (*).

Supposons maintenant que les polynomes à diviser soient ordonnés par rapport aux puissances croissantes d'une même lettre. Dans ce cas, les restes successifs sont de degrés de plus en plus élevés par rapport à la lettre ordonnatrice et il peut arriver que la division étant impossible, le premier terme à gauche de chaque reste soit toujours divisible par le premier terme à gauche du diviseur. On reconnaîtra alors l'impossibilité de la division lorsqu'on sera amené à écrire au quotient un terme dans lequel la lettre ordonnatrice aurait un exposant plus fort que la différence entre les exposants qu'elle possède dans le dernier terme du dividende et le dernier du diviseur.

(*) L'impossibilité d'une division de polynomes ordonnés de la même manière est d'ailleurs manifeste lorsque les deux premiers termes ou les deux derniers ne sont pas divisibles l'un par l'autre.

E̶xemple. — Diviser $1 - x + x^4$ par $1 + x^2$.

$$
\begin{array}{l|l}
1 - x + x^4 & 1 + x^2 \\
-1 - x^3 & \overline{1 - x - x^2} \\
\hline
-x - x^2 + x^4 & \\
+x + x^3 & \\
\hline
-x^2 + x^3 + x^4 & \\
+x^2 + x^4 & \\
\hline
+x^3 + 2x^4 &
\end{array}
$$

Les polynomes proposés sont ordonnés par rapport aux puissances croissantes de la lettre x, et le premier terme du diviseur est 1, donc le premier terme de chaque reste sera toujours divisible par le premier terme du diviseur. Mais après avoir trouvé au quotient les termes $1 - x - x^2$, on a pour reste $x^3 + 2x^4$: on serait donc amené si l'on continuait la division à écrire au quotient un terme en x^3. Il est dès lors inutile de poursuivre l'opération, car les termes que l'on obtiendrait en continuant seraient tous de degrés en x supérieurs à 2 et il est évident qu'un polynome entier en x d'un degré supérieur à 2 étant multiplié par $1 + x^2$ ne saurait donner pour résultat le dividende qui est un polynome du quatrième degré en x.

34. Théorème. — *Lorsque deux polynomes* A *et* B *entiers par rapport à une certaine lettre* x *ne sont pas divisibles l'un par l'autre, on peut écrire leur quotient sous la forme d'un polynome entier en* x *augmenté d'une expression fractionnaire ayant pour numérateur un polynome en* x *d'un degré inférieur au diviseur* B *et pour dénominateur ce diviseur.*

En effet, en supposant que l'on ait ordonné les polynomes A et B par rapport aux puissances décroissantes de x, l'opération de la division se poursuivra jusqu'à ce qu'on arrive à un reste R de degré en x moindre que celui de B. Comme ce reste s'obtient en retranchant de A les produits de B par les différents termes trouvés au quotient, on a en nommant Q ce dernier :

$$R = A - BQ \quad \text{ou} \quad A = BQ + R,$$

on en tire :

$$\frac{A}{B} = Q + \frac{R}{B},$$

ce qu'il fallait démontrer.

EXEMPLE. — Soit à diviser $x^3 - 2x^2 + 7$ par $x^2 - 1$

$$
\begin{array}{c|c}
x^3 - 2x^2 + 7 & x^2 - 1 \\
- x^3 + x & \overline{\quad x - 2 \quad} \\
\hline
-2x^2 + x + 7 & \\
+2x^2 - 2 & \\
\hline
x + 5 &
\end{array}
$$

on a

$$\frac{x^3 - 2x^2 + 7}{x^2 - 1} = x - 2 + \frac{x + 5}{x^2 - 1}.$$

35. Théorème. — *Le reste de la division d'un polynome entier en* x *par* x — a *est égal à la valeur que prend le polynome lorsqu'on y remplace* x *par* a.

En effet, soit P_x un polynome entier en x, supposons qu'on l'ait ordonné par rapport aux puissances décroissantes de x et qu'on effectue la division par $x - a$. Nommons Q l'ensemble des termes entiers trouvés au quotient et R le reste qui sera nécessairement indépendant de x puisque le diviseur est du premier degré en x. On a :

$$P_x = (x - a)\, Q + R,$$

et cette relation est vraie quelque valeur que l'on attribue à la lettre x. Or si l'on fait $x = a$, le produit $(x - a)Q$ s'annule, car le facteur $(x - a)$ devient zéro et le facteur Q ne peut prendre qu'une valeur finie puisqu'il est entier en x. D'ailleurs le reste R indépendant de x reste le même : on a donc en nommant P_a la valeur que prend le polynome P_x par la substitution de a à la lettre x :

$$P_a = R,$$

ce qu'il fallait démontrer.

REMARQUE. — On démontre de la même manière le théorème suivant : *Le reste de la division d'un polynome entier en* x *par* x $+$ a *est égal à la valeur que prend le polynome quand on y remplace* x *par* $-$ a.

CorollAire. — Lorsqu'un polynome entier en x devient égal à zéro quand on y remplace x par a, il est divisible par $x - a$.

De même, un polynome entier en x qui devient égal à zéro quand on y remplace x par $- a$ est divisible par $x + a$.

36. Exemples de divisions remarquables.

1° Division de $x^m - a^m$ par $x - a$.

D'après le théorème qui précède, le reste de cette division est $a^m - a^m$ ou zéro : elle est donc possible. On va d'ailleurs le reconnaître en l'effectuant et l'on établira en même temps la loi de formation des termes du quotient.

$$
\begin{array}{l|l}
x^m - a^m & x - a \\
\underline{- x^m + ax^{m-1}} & \overline{x^{m-1} + ax^{m-2} + a^2x^{m-3} + \dots + a^{m-1}} \\
\quad + ax^{m-1} - a^m & \\
\quad \underline{- ax^{m-1} + a^2x^{m-2}} & \\
\qquad + a^2x^{m-2} - a^m & \\
\qquad \dots \dots \dots & \\
\qquad \dots \dots \dots & \\
\qquad \dots \dots \dots & \\
\qquad \underline{+ a^m x^{m-m} - a^m} &
\end{array}
$$

Les restes successifs ont tous pour second terme $- a^m$; le premier terme de chacun d'eux se compose du produit des lettres a et x, l'exposant de la première allant en augmentant d'une unité d'un reste au suivant et l'exposant de x étant égal à m diminué de l'exposant correspondant de a. Le $m^{ième}$ reste vaut par suite $a^m x^{m-m} - a^m$ ou zéro, car x^{m-m} vaut l'unité.

Le quotient est homogène et de degré $m - 1$; son premier terme est x^{m-1}, chaque autre terme se forme du précédent en le multipliant par a et le divisant par x ; le dernier terme est $+ a^{m-1}$, car son produit par $- a$ doit être égal au dernier terme du dividende $- a^m$. Enfin tous les termes sont positifs.

APPLICATIONS. — $\dfrac{x^6 - a^6}{x - a} = x^5 + ax^4 + a^2x^3 + a^3x^2 + a^4x + a^5,$

$$\dfrac{x^5 - 1}{x - 1} = x^4 + x^3 + x^2 + x + 1.$$

2° Division de $x^m + a^m$ par $x - a$.

Cette division n'est pas possible ; elle donne pour reste $2a^m$ (35). Comme le dividende ne diffère de celui de la division précédente que par le signe de a^m, le polynome entier obtenu au quotient sera le même que celui de la division de $x^m - a^m$ par $x - a$. On a donc :

$$\frac{x^m + a^m}{x - a} = x^{m-1} + ax^{m-2} + a^2x^{m-3} + \ldots + a^{m-1} + \frac{2a^m}{x - a}.$$

3° Division de $x^m - a^m$ par $x + a$.

Le reste de cette division est $(-a)^m - a^m$ (35. *Remarque*). Il est donc égal à zéro lorsque m est un nombre pair et il vaut $-2a^m$ lorsque m est un nombre impair (21). Ces résultats peuvent être obtenus directement en effectuant la division.

$$
\begin{array}{l|l}
x^m - a^m & x + a \\
-x^m - ax^{m-1} & \overline{x^{m-1} - ax^{m-2} + a^2x^{m-3} - \ldots \pm a^{m-1}} \\
\hline
\quad -ax^{m-1} - a^m & \\
\quad +ax^{m-1} + a^2x^{m-2} & \\
\hline
\qquad +a^2x^{m-2} - a^m & \\
\quad \cdots \cdots \cdots & \\
\quad \cdots \cdots \cdots & \\
\quad \cdots \cdots \cdots & \\
\hline
\qquad \pm a^m x^{m-m} - a^m &
\end{array}
$$

Les restes successifs sont formés comme ceux de la division de $x^m - a^m$ par $x - a$, seulement ils ont leur premier terme affecté alternativement du signe — et du signe +, ce dernier signe appartenant aux restes de rang pair. Après avoir obtenu m termes au quotient, on trouve donc pour reste si m est pair $+ a^m x^{m-m} - a^m$ ou zéro, et si m est impair $- a^m x^{m-m} - a^m$ ou $-2a^m$.

Les termes du quotient sont les mêmes que ceux du quotient de $x^m - a^m$ par $x - a$, mais ils sont alternativement précédés du signe plus et du signe moins. Lorsque la division est possible, le dernier terme est $- a^{m-1}$

APPLICATION. $\dfrac{x^4 - 1}{x + 1} = x^3 - x^2 + x - 1.$

4° Division de $x^m + a^m$ par $x + a$.

Le reste de cette division est $(- a)^m + a^m$ (35. Remarque); elle n'est donc possible que pour m impair. Le quotient est le même que celui de la division précédente puisque le dividende ne diffère du précédent que par le signe de a^m. Lorsque la division est possible le dernier terme du quotient est $+ a^{m-1}$.

APPLICATION. $\dfrac{x^5 + 1}{x + 1} = x^4 - x^3 + x^2 - x + 1.$

REMARQUE. — Les résultats qui précèdent peuvent être énoncés ainsi en langage ordinaire :

1° *La différence des puissances semblables de deux quantités est toujours divisible par la différence de ces quantités.*

2° *La somme des puissances semblables de deux quantités n'est jamais divisible par la différence de ces quantités.*

3° *La différence des puissances semblables de deux quantités est divisible par la somme de ces quantités lorsque les puissances sont paires.*

4° *La somme des puissances semblables de deux quantités est divisible par la somme de ces quantités lorsque les puissances sont impaires.*

Fractions algébriques.

37. On nomme *fractions algébriques* des expressions de la forme $\dfrac{A}{B}$ dans laquelle A et B représentent deux quantités non divisibles l'une par l'autre.

Les propriétés des fractions algébriques ainsi que les règles relatives à leur calcul sont les mêmes que celles relatives aux fractions arithmétiques, mais des démonstrations directes sont nécessaires, car dans une expression de la forme $\frac{A}{B}$, A et B peuvent représenter des nombres quelconques entiers, fractionnaires, positifs ou négatifs.

38. Théorème. — *Une fraction algébrique ne change pas de valeur lorsque l'on multiplie ou divise ses deux termes par une même quantité.*

En effet, soit q la valeur d'une fraction $\frac{a}{b}$. De l'égalité $\frac{a}{b} = q$, on tire $a = bq$. Si l'on multiplie les quantités égales a et bq par un même facteur m, il vient :

$$am = bmq,$$

d'où

$$\frac{am}{bm} = q,$$

et, par suite,

$$\frac{am}{bm} = \frac{a}{b},$$

ce qu'il fallait démontrer.

COROLLAIRES. — 1° Lorsqu'une fraction renferme des facteurs communs à ses deux termes, on peut la simplifier en supprimant ces facteurs.

Ainsi

$$\frac{14a^5b^4c^2}{21ab^3c^4} = \frac{2a^4b}{3c^2},$$

de même

$$\frac{8a^2b - 12ab^3 + 16a^3b^2}{20ab + 4a^2b^2 - 24a^3b} = \frac{4ab(2a - 3b^2 + 4a^2b)}{4ab(5 + ab - 6a^2)} = \frac{2a - 3b^2 + 4a^2b}{5 + ab - 6a^2}.$$

2° On réduit deux ou plusieurs fractions au même dénominateur en multipliant les deux termes de chacune d'elles par le produit des dénominateurs de toutes les autres. — Pour réduire des fractions au plus petit dénominateur commun, on les simplifie d'abord s'il y a lieu, puis on forme (comme en arithmétique) le plus petit commun multiple des dénominateurs, et l'on multiplie les deux termes de chaque fraction par le quotient que l'on obtient en divisant le plus petit commun multiple par le dénominateur de cette fraction.

EXEMPLE. — Réduire au plus petit dénominateur commun les fractions

$$\frac{7}{12ab(a+b)}, \quad \frac{3}{20a^4(a-b)^2}, \quad \frac{5}{9ab^3(a^2-b^2)}, \quad \frac{11}{4(a+b)^2}.$$

Le plus petit commun multiple des dénominateurs est

$$180a^4b^3(a+b)^2(a-b)^2.$$

Il a pour coefficient le plus petit commun multiple des coefficients des dénominateurs et il contient chacun des facteurs littéraux de ceux-ci affecté de son plus fort exposant.

En divisant le plus petit commun multiple successivement par chaque dénominateur, on obtient les quotients

$$15a^3b^2(a+b)(a-b)^2, \quad 9b^3(a+b)^2, \quad 20a^3(a^2-b^2), \quad 45a^4b^3(a-b)^2,$$

et les fractions réduites au même dénominateur valent

$$\frac{105a^3b^2(a+b)(a-b)^2}{180a^4b^3(a+b)^2(a-b)^2}, \qquad \frac{27b^3(a+b)^2}{180a^4b^3(a+b)^2(a-b)^2},$$

$$\frac{100a^3(a^2-b^2)}{180a^4b^3(a+b)^2(a-b)^2}, \qquad \frac{495a^4b^3(a-b)^2}{180a^4b^3(a+b)^2(a-b)^2}.$$

39. Addition et soustraction des fractions algébriques. — Pour additionner ou soustraire entre elles des fractions algébriques, on les réduit au même dénominateur, puis on opère sur les numérateurs l'addition ou la soustraction demandée, et l'on donne au résultat pour dénominateur le dénominateur commun.

40. Multiplication des fractions algébriques. — On multiplie les fractions algébriques entre elles suivant les règles établies en arithmétique, c'est-à-dire que l'on multiplie les numérateurs entre eux et aussi les dénominateurs.

En effet, soient $\dfrac{a}{b}$ et $\dfrac{c}{d}$ deux fractions dont on veut faire le produit. Représentons par q et q' les valeurs respectives des fractions proposées, nous aurons alors

$$a = bq, \quad c = dq',$$

d'où

$$ac = bq \times dq',$$

ou

$$ac = bd \times qq'.$$

Donc

$$qq' \quad \text{ou} \quad \frac{a}{b} \times \frac{c}{d} = \frac{ac}{bd},$$

ce qu'il fallait démontrer.

41. Division des fractions algébriques. — Cette opéra
tion s'effectue comme en arithmétique. On multiplie la fraction
dividende par la fraction diviseur renversée.

En effet, soit $\frac{a}{b}$ à diviser par $\frac{c}{d}$: posons $\frac{a}{b} = q$, $\frac{c}{d} = q'$

il vient

$$a = bq, \quad c = dq',$$

d'où

$$\frac{a}{c} = \frac{bq}{dq'} = \frac{b}{d} \times \frac{q}{q'},$$

multipliant par $\frac{d}{b}$ les deux membres de la dernière égalité
il vient

$$\frac{a}{c} \times \frac{d}{b} = \frac{b}{d} \times \frac{q}{q'} \times \frac{d}{b},$$

d'où simplifiant :

$$\frac{q}{q'} \quad \text{ou} \quad \frac{a}{b} : \frac{c}{d} = \frac{a}{c} \times \frac{d}{b} = \frac{ad}{bc},$$

ce qu'il fallait démontrer.

CHAPITRE II

ÉQUATIONS DU PREMIER DEGRÉ.

Définitions.

42. On nomme *identité* toute égalité existant entre des quantités numériques, ou encore entre des expressions littérales qui prennent toujours la même valeur quels que soient les nombres que l'on mette à la place des lettres qu'elles renferment.

Ainsi les expressions :

$$3 \times 4 + 7 = 19,$$
$$(a + b)(a - b) = a^2 - b^2,$$

sont des identités.

43. On nomme *équation* une égalité dont les deux membres ne deviennent égaux que lorsqu'on y remplace certaines lettres par des valeurs particulières convenablement choisies. Ces lettres portent le nom d'*inconnues* ; les valeurs qu'il faut leur attribuer pour que l'équation devienne une identité se nomment *les solutions* ou *les racines* de l'équation.

Ainsi l'expression

$$3x - 7 = x + 13,$$

dans laquelle les deux membres ne deviennent égaux que lorsqu'on donne à la lettre x la valeur 10, est une équation. — La quantité $3x - 7$ placée à gauche du signe $=$ est dite le premier membre de l'équation ; l'autre quantité $x + 13$ est le second membre. La lettre x est l'inconnue de l'équation et 10 en est la solution.

Résoudre une équation, c'est déterminer les valeurs qui mises à la place des inconnues vérifient l'équation, c'est-à-dire la transforment en une identité.

44. Deux équations sont dites *équivalentes* lorsqu'elles admettent les mêmes solutions, c'est-à-dire lorsque les valeurs des inconnues de la première conviennent à la seconde, et réciproquement.

Lorsque plusieurs équations doivent être satisfaites à la fois par les mêmes valeurs des inconnues qu'elles renferment, leur ensemble forme un *système d'équations simultanées.*

Deux systèmes d'équations simultanées sont *équivalents* lorsque les solutions du premier système conviennent au second et réciproquement.

Il est évident qu'on peut remplacer une équation par une équation équivalente, un système d'équations par un système équivalent.

45. On nomme *degré* d'une équation dont les deux membres sont des expressions rationnelles et entières par rapport aux inconnues, la somme des exposants des inconnues dans le terme où cette somme est la plus grande.

Ainsi l'équation

$$3x - 7 = x + 13$$

est une équation du premier degré à *une* inconnue.

De même, l'équation

$$5x^2 - 7x = 20$$

est une équation du second degré à *une* inconnue.

De même encore, l'équation

$$4xy - 5x = 8 - 2y$$

est une équation du second degré à *deux* inconnues.

Principes relatifs à la résolution des équations.

46. Théorème I. — *Lorsqu'on ajoute aux deux membres d'une équation, ou qu'on en retranche une même quantité, l'équation que l'on forme ainsi est équivalente à la première.*

En effet, représentons par A et B les deux membres d'une équation, cette équation s'écrira :

$$A = B. \tag{1}$$

Si l'on ajoute aux deux membres la quantité m, on aura :

$$A + m = B + m, \tag{2}$$

et il s'agit de prouver que cette équation est équivalente à la première.

En effet, toute solution de l'équation (1) rend identiques les quantités A et B ; elle rendra donc aussi identiques les quantités A et B augmentées chacune de m, c'est-à-dire les deux membres de l'équation (2). Donc déjà toute solution de l'équation (1) convient à l'équation (2).

Réciproquement toute solution de l'équation (2) rendant identiques les quantités $A + m$ et $B + m$ rend nécessairement identiques les quantités A et B, donc elle est solution de l'équation (1). Ainsi toute solution de l'équation (2) est solution de l'équation (1).

Donc enfin les équations (1) et (2) sont équivalentes, ce qu'il fallait démontrer.

On démontrerait de même que l'équation $A - m = B - m$ est équivalente à l'équation $A = B$.

COROLLAIRES. — 1° *On peut faire passer un terme d'une équation d'un membre dans l'autre en ayant soin de changer le signe qui le précède.*

Par exemple, soit l'équation

$$3x - 15 = 2x - 7.$$

Si l'on ajoute 15 aux deux membres, on a l'équation équivalente :

$$3x = 2x - 7 + 15,$$

3

qui ne diffère de la précédente qu'en ce que le terme 15 du premier membre, qui y était précédé du signe —,est écrit dans le second membre où il est précédé du signe +.

2° *On peut changer en même temps les signes de tous les termes d'une équation.*

En effet, d'après le corollaire qui précède, l'équation

$$3x - 15 = 2x - 7$$

peut s'écrire

$$7 - 2x = 15 - 3x,$$

ou ce qui revient évidemment au même,

$$15 - 3x = 7 - 2x,$$

et l'on voit que cette dernière équation n'est autre que la première dont on a changé le signe de tous les termes.

47. Théorème II. — *Lorsqu'on multiplie ou divise les deux membres d'une équation par une même quantité dont la valeur est différente de zéro, l'équation que l'on forme ainsi est équivalente à la première.*

Soit encore l'équation

$$A = B. \qquad (1)$$

Multiplions les deux membres par une quantité *m différente de zéro*, nous aurons l'équation

$$Am = Bm, \qquad (2)$$

et cette équation est équivalente à la première.

En effet, toute solution de l'équation (1) rend identiques les quantités A et B ; elle rendra donc identiques les produits de ces quantités multipliées par le même nombre *m*, c'est-à-dire les deux membres de l'équation (2). Donc déjà toute solution de l'équation (1) est solution de l'équation (2).

Réciproquement, toute solution de l'équation (2) rend identiques les produits Am et Bm, et comme le facteur commun *m* n'est pas nul, elle rend nécessairement identiques les facteurs A et B, c'est-à-dire les deux membres de l'équation (1). Ainsi toute solution de l'équation (2) est solution de l'équation (1).

Donc enfin les équations (1) et (2) sont équivalentes, ce qu'il fallait démontrer.

On démontrerait de même que les équations $A = B$ et $\dfrac{A}{m} = \dfrac{B}{m}$ sont équivalentes.

REMARQUE. — Nous avons dans l'énoncé du théorème qui précède supposé expressément le multiplicateur m différent de zéro. Lorsque cette condition n'est pas remplie, l'équation $Am = Bm$ n'est pas équivalente à l'équation $A = B$. En effet, au lieu de $Am = Bm$, on peut écrire :

$$(A - B)m = 0, \qquad\qquad (2)$$

et sous cette forme on voit aisément que cette équation est bien vérifiée par les solutions de l'équation $A = B$, mais que si m est égal à zéro, la réciproque n'est pas vraie, car alors $(A - B)m$ est nul sans que A et B prennent nécessairement la même valeur.

Soit par exemple l'équation

$$2x - 7 = x + 2,$$

qui admet pour solution le nombre 9. Multiplions ses deux membres par le facteur $x - 4$, nous aurons la nouvelle équation

$$(2x - 7)(x - 4) = (x + 2)(x - 4).$$

Cette dernière équation est vérifiée par la solution $x = 9$ qui convient à la première, mais elle admet également la solution $x = 4$ qui annule le facteur $x - 4$, et cette solution ne vérifie pas la première équation.

On voit par là qu'en multipliant les deux membres d'une équation par un facteur contenant les inconnues, on peut introduire des solutions étrangères, lesquelles ne sont autres que celles de l'équation formée en égalant à zéro le facteur par lequel on a multiplié. On doit donc lorsqu'on a été obligé de multiplier les deux membres d'une équation par un facteur placé dans ces conditions, vérifier les solutions trouvées et rejeter comme étrangères celles qui ne conviendraient pas à l'équation primitive.

Réciproquement, lorsqu'on divise les deux membres d'une

équation par un facteur contenant les inconnues, **on peut supprimer** des solutions qui ne sont autres que celles de l'équation formée en égalant à zéro le facteur par lequel on a divisé. Il importe donc de tenir compte de ces solutions.

Lorsque l'on multiplie ou divise les deux membres d'une équation par une même quantité littérale ne contenant pas les inconnues, on obtient une équation équivalente à la première, mais à condition qu'on ne fera pas sur la quantité littérale d'hypothèses capables de la rendre égale à zéro.

COROLLAIRE. — *Lorsqu'une équation renferme des termes fractionnaires, on fait disparaître les dénominateurs en multipliant les deux membres par le produit des dénominateurs, ou mieux par le plus petit commun multiple des dénominateurs. On obtient ainsi une équation équivalente à la première en vertu du théorème précédent.*

EXEMPLE I. — Soit l'équation

$$\frac{2x}{5} - 3 = \frac{x}{6} + \frac{1}{3} .$$

Le plus petit commun multiple des dénominateurs est 30. En multipliant tous les termes par ce nombre, on trouve

$$12x - 90 = 5x + 10,$$

équation à termes entiers, équivalente à la première.

EXEMPLE II. — Soit l'équation

$$\frac{7x + 10}{x - 2} = \frac{5x}{12} + \frac{35}{6} \qquad (1)$$

Le plus petit commun multiple des dénominateurs est $12(x - 2)$. En multipliant tous les termes par cette quantité, on a l'équation

$$12(7x + 10) = 5x(x - 2) + 70(x - 2), \qquad (2)$$

et cette équation est équivalente à la première. En effet, on a bien ici multiplié par un facteur $12(x - 2)$ contenant l'inconnue et ce facteur égalé à zéro donne $x = 2$. Mais $x = 2$ ne vérifie pas la seconde équation et comme c'est la seule solution étrangère que la multiplication pouvait introduire, il s'ensuit que les équations (1) et (2) sont bien équivalentes.

EXEMPLE III. — Soit l'équation

$$\frac{x^2}{x-1} = \frac{1}{x-1} + 10. \qquad (1)$$

Multipliant les deux membres par $x - 1$, on a l'équation

$$x^2 = 1 + 10(x - 1),$$

laquelle est vérifiée par les solutions $x = 1$ et $x = 9$. Or l'équation (1) est vérifiée seulement par la valeur $x = 9$. La solution $x = 1$ de l'équation $x - 1 = 0$ formée en égalant le multiplicateur à zéro doit donc être rejetée comme étrangère.

REMARQUE. — La règle à suivre pour faire évanouir les dénominateurs d'une équation renfermant des termes fractionnaires peut s'énoncer comme il suit :

On forme le plus petit commun multiple des dénominateurs; on multiplie chaque terme entier par la quantité ainsi trouvée, et le numérateur de chaque terme fractionnaire par le quotient du plus petit commun multiple par le dénominateur de ce terme.

Résolution d'une équation du premier degré à une inconnue.

48. *Pour résoudre une équation du premier degré à une inconnue, on commence par faire évanouir les dénominateurs; puis, lorsque l'inconnue est engagée dans des parenthèses, on effectue les calculs nécessaires pour l'en faire sortir. On fait ensuite la transposition des termes, c'est-à-dire que l'on fait passer tous les termes qui contiennent l'inconnue dans un membre et dans l'autre membre les termes connus. On effectue les réductions qui se présentent et l'on divise enfin les deux membres par le coefficient de l'inconnue.* Ces règles résultent des théorèmes qui viennent d'être établis (46) (47).

EXEMPLE I. — Résoudre l'équation

$$(1) \qquad \frac{3(x-2)}{8} + 2 = \frac{5x}{6} + \frac{2(2-x)}{3}.$$

En appliquant les règles qui viennent d'être énoncées, on obtient successivement les équations suivantes, toutes équivalentes à la proposée :

$$9(x - 2) + 48 = 20x + 16(2 - x),$$
$$9x - 18 + 48 = 20x + 32 - 16x,$$
$$9x - 20x + 16x = 32 + 18 - 48,$$
$$5x = 2,$$
$$x = \frac{2}{5}.$$

La solution de l'équation proposée est donc $\frac{2}{5}$. On vérifie

l'exactitude de ce résultat en remplaçant x par $\frac{2}{5}$ dans l'équation (1) et en constatant que par suite de cette substitution les deux membres deviennent identiques.

Il est d'ailleurs évident qu'en chassant les dénominateurs on n'a pas introduit de solutions étrangères puisque le plus petit commun multiple des dénominateurs par lequel on a multiplié les deux membres de l'équation a une valeur numérique.

EXEMPLE II. — Résoudre l'équation

$$\frac{x}{(a + b)^2} - \frac{a}{a - b} = \frac{b}{a + b} - \frac{x}{a^2 - b^2}. \qquad (1)$$

Le plus petit commun multiple des dénominateurs est $(a+b)^2$ $(a-b)$ et l'on a en faisant évanouir ceux-ci l'équation équivalente

$$x(a - b) - a(a + b)^2 = b(a^2 - b^2) - x(a + b),$$

et successivement les équations équivalentes

$$x(a - b) + x(a + b) = b(a^2 - b^2) + a(a + b)^2,$$
$$2ax = (a + b)(a^2 + 2ab - b^2),$$
$$x = \frac{(a + b)(a^2 + 2ab - b^2)}{2a}.$$

On a ainsi la valeur de x qui satisfait à l'équation proposée et l'on peut vérifier en la portant dans cette équation qu'elle rend identiques les deux membres de celle-ci.

Comme pour chasser les dénominateurs on a multiplié les deux membres de l'équation (1) par le facteur $(a + b)^2 (a - b)$, on devra éviter de faire sur a et b des hypothèses capables de rendre ce facteur égal à zéro. De même, comme on a dans la dernière transformation divisé par $2a$, on devra éviter l'hypothèse $a = o$.

Remarque. — Dans l'exemple I, tous les coefficients sont des nombres et l'équation est dite *numérique*; dans l'exemple II les coefficients renferment des lettres et l'équation porte le nom d'équation *littérale*.

Principes relatifs aux équations simultanées.

49. Théorème I. — *Si dans un système d'équations simultanées, on résout l'une des équations par rapport à une inconnue et qu'on remplace cette inconnue par sa valeur dans les autres équations, on forme un second système équivalent au premier.*

Soit le système

$$(1) \quad \begin{cases} 3x - 5y + 2z = 26, \\ 2x + 3y - 5z = 11, \\ 7x - 9y - 3z = 43. \end{cases}$$

Tirons de l'une des équations, de la première par exemple, la valeur de x comme si y et z étaient des quantités connues et remplaçons x par cette valeur dans les deux autres équations, nous formerons ainsi le système

$$(2) \quad \begin{cases} x = \dfrac{26 + 5y - 2z}{3}, \\ 2\left(\dfrac{26 + 5y - 2z}{3}\right) + 3y - 5z = 11, \\ 7\left(\dfrac{26 + 5y - 2z}{3}\right) - 9y - 3z = 43. \end{cases}$$

Il s'agit de démontrer qu'il est équivalent au système (1).

Supposons que le système (1) admette pour solutions

$$x = 10, \quad y = 2, \quad z = 3,$$

si nous remplaçons dans les équations de ce système les inconnues par ces valeurs, elles seront satisfaites, et comme la première équation du système (2) n'est autre que la première du système (1), elle sera aussi satisfaite et son second membre deviendra égal à 10. Il en résulte que les deux autres équations du système (2) seront également satisfaites quand on y remplacera y et z respectivement par 2 et 3 puisque les quantités entre parenthèses prendront chacune la valeur 10.

Réciproquement, toute solution du système (2) rend identiques les deux membres de la première équation de ce système, et par suite aussi les deux membres de la première équation du système (1) : elle vérifiera donc les deux autres équations de ce dernier système.

Donc enfin les deux systèmes sont équivalents, ce qu'il fallait démontrer.

Il est évident que le théorème est vrai quel que soit le nombre des équations formant le système que l'on considère.

50. Théorème II. — *Étant donné un système d'équations simultanées, on peut substituer à l'une d'elles une équation formée en ajoutant membre à membre toutes les équations proposées ou simplement plusieurs d'entre elles.*

Ainsi le système

$$(1) \qquad \begin{cases} A = A', \\ B = B', \\ C = C', \end{cases}$$

est équivalent au suivant :

$$(2) \qquad \begin{cases} A + B + C = A' + B' + C', \\ B = B', \\ C = C'. \end{cases}$$

En effet toute solution du système (1) rend identiques A et A', B et B', C et C' ; elle rendra donc identiques les sommes $A + B + C$ et $A' + B' + C'$ et par suite vérifiera le système (2). — Réciproquement toute solution du système (2) rendant identiques les quantités B et B', C et C' et aussi les sommes $A + B + C$ et $A' + B' + C'$, rend nécessairement identiques les quantités A et A' et par suite est solution du système (1).

Les systèmes (1) et (2) sont donc équivalents.

Le théorème est vrai quel que soit le nombre des équations formant le système considéré. — Il est clair qu'il reste encore vrai lorsqu'au lieu d'additionner les équations, on les soustrait membre à membre.

De plus, on peut, avant d'ajouter ou de retrancher les équations membre à membre, multiplier ou diviser les deux membres de chacune d'elles par une même quantité différente de zéro en vertu d'un théorème démontré précédemment (47).

51. Définition. La résolution d'un système d'équations simultanées s'opère à l'aide d'un procédé nommé *élimination.* En général on entend par *éliminer* une inconnue entre *m* équations, remplacer le système proposé par un système équivalent dans lequel *m* — 1 équations ne renferment pas cette inconnue.

Résolution d'un système de deux équations à deux inconnues.

52. Soit à résoudre le système

$$(1) \qquad \begin{cases} 3x - 5y = 9, \\ 2x + 7y = 37. \end{cases}$$

1° *Élimination par substitution.*
Résolvant la première équation par rapport à *x*, il vient

$$x = \frac{9 + 5y}{3},$$

et le système

$$(2) \qquad \begin{cases} x = \dfrac{9 + 5y}{3}, \\ 2\left(\dfrac{9 + 5y}{3}\right) + 7y = 37, \end{cases}$$

est équivalent au système (1) en vertu du théorème (49).

La seconde équation du système (2) ne renferme plus que l'inconnue *y* ; en la résolvant suivant la méthode indiquée (48) elle donne

$$y = 3,$$

et cette valeur substituée dans la première équation du système (2) donne

$$x = 8.$$

Les équations formant le système proposé ont donc pour solution

$$x = 8, \quad y = 3.$$

Donc pour résoudre un système de deux équations à deux inconnues *par la méthode de substitution, on résout l'une des équations par rapport à l'une des inconnues, et l'on substitue sa valeur dans l'autre équation. On résout cette dernière qui ne renferme plus alors qu'une inconnue et l'on transporte la valeur trouvée dans l'expression de la première inconnue dont on détermine ainsi la valeur.*

2° *Élimination par réduction.*

Multiplions les deux membres de la première équation du système (1) par 2, coefficient de x dans la seconde, et les deux membres de la seconde équation par 3, coefficient de x dans la première, il viendra

$$(2) \qquad \begin{cases} 6x - 10y = 18, \\ 6x + 21y = 111, \end{cases}$$

et ce système sera équivalent au système (1) en vertu du théorème (47).

Retranchant membre à membre les deux dernières équations, les termes en x qui ont le même coefficient disparaissent et il vient :

$$31y = 93.$$

D'après le théorème (50) le système (1) peut être remplacé par le suivant :

$$(3) \qquad \begin{cases} 3x - 5y = 9, \\ 31y = 93, \end{cases}$$

dont la dernière équation ne renferme plus que l'inconnue y. On tire de cette dernière équation $y = 3$, et transportant cette valeur dans l'autre, on a $x = 8$. Le système est ainsi résolu.

Donc, pour résoudre un système de deux équations à deux inconnues *par la méthode de réduction, on multiplie les deux membres de chaque équation par le coefficient dont l'une des inconnues est affectée dans l'autre, puis on ajoute ou retranche les équations ainsi obtenues de manière à faire disparaître l'inconnue dont les coefficients sont devenus égaux. On a ainsi une équation à une inconnue que l'on résout. La valeur trouvée étant substituée dans l'une des équations proposées permet d'obtenir la valeur de la seconde inconnue.*

REMARQUE I. — On peut, lorsqu'on a trouvé la valeur d'une des inconnues, trouver directement la valeur de l'autre en employant la même méthode. Reprenons le système

$$(1) \qquad \begin{cases} 3x - 5y = 9, \\ 2x + 7y = 37. \end{cases}$$

Nous en avons déduit

$$31y = 93, \quad \text{d'où} \quad y = 3.$$

Multiplions maintenant les deux membres de la première équation par 7 et les deux membres de la seconde par 5, puis ajoutons les résultats, il viendra :

$$31x = 248, \quad \text{d'où} \quad x = 8$$

REMARQUE II. — Lorsque les coefficients de l'inconnue que l'on veut éliminer ne sont pas premiers entre eux, on peut former leur plus petit commun multiple et multiplier les deux membres de chaque équation par le quotient obtenu en divisant ce plus petit commun multiple par le coefficient que possède l'inconnue dans cette équation.

EXEMPLE. — Soit à résoudre le système

$$\begin{cases} 16x - 3y = 2, \\ 24x + 2y = 68. \end{cases}$$

Le plus petit commun multiple des coefficients 16 et 24 est 48. Le quotient de 48 par 16 est 3 et par 24 est 2. On a donc en multipliant les deux membres de la première équation par 3 et les deux membres de la seconde par 2,

$$\begin{cases} 48x - 9y = 6, \\ 48x + 4y = 136, \end{cases}$$

d'où, retranchant membre à membre :

$$13y = 130, \quad \text{d'où} \quad y = 10,$$

et par suite $x = 2$.

Résolution d'un système de n équations à n inconnues.

53. Règle générale. — *Pour résoudre un système de* n *équations à* n *inconnues, on commence par éliminer (en employant l'une ou l'autre des méthodes qui viennent d'être exposées) une inconnue entre l'une des équations et chacune des* n — 1 *autres. On obtient ainsi un système équivalent au premier, formé de* n *équations renfermant une équation à* n *inconnues et* n — 1 *équations à* n — 1 *inconnues. — Entre* *l'une de ces dernières et chacune des* n — 2 *autres, on élimine une seconde inconnue et l'on remplace ainsi le système proposé par un système équivalent formé de* n *équations dont la première est à* n *inconnues, la seconde à* n — 1 *inconnues et les* n — 2 *autres à* n — 2 *inconnues.* — *On continue ainsi jusqu'à ce qu'on arrive à une équation ne renfermant plus qu'une inconnue. A ce moment, le système proposé est remplacé par un système équivalent composé de* n *équations contenant respectivement* n, n — 1, n — 2...2, 1 *inconnue. On résout cette dernière, et remontant successivement aux autres, on détermine successivement les valeurs de toutes les inconnues.*

EXEMPLE I. — Résoudre le système

$$\begin{cases} 3x - 5y + 2z = 26, \\ 2x + 3y - 5z = 11, \\ 7x - 9y - 3z = 43. \end{cases}$$

De la première équation on tire

$$x = \frac{26 + 5y - 2z}{3},$$

et l'on forme le système équivalent

$$\begin{cases} x = \dfrac{26 + 5y - 2z}{3}, \\ 2\left(\dfrac{26 + 5y - 2z}{3}\right) + 3y - 5z = 11, \\ 7\left(\dfrac{26 + 5y - 2z}{3}\right) - 9y - 3z = 43, \end{cases}$$

lequel devient, calculs et simplifications opérés :

$$\begin{cases} x = \dfrac{26 + 5y - 2z}{3}, \\ z - y = 1, \\ 23z - 8y = 53. \end{cases}$$

La seconde équation de ce système donne $z = 1 + y$.

On a donc le système équivalent

$$\begin{cases} x = \dfrac{26 + 5y - 2z}{3}, \\ z = 1 + y, \\ 23(1 + y) - 8y = 53. \end{cases}$$

La dernière équation ne renferme plus que l'inconnue y; on trouve en la résolvant :

$$y = 2.$$

Remontant successivement aux deux autres équations, elles donnent

$$z = 3, \quad x = 10.$$

Le système proposé a donc pour solution $x = 10$, $z = 3$, $y = 2$.

Exemple II. — Résoudre le système

$$\begin{cases} 3x - 3y + 4z - 2u = 1, \\ 3y - 2x - 3z + 3u = 7, \\ 5z - 2x - 3y + 5u = 27, \\ 5x + 2y - 2z + 4u = 19. \end{cases}$$

Tirant de la première équation la valeur de x en fonction des autres inconnues et substituant cette valeur dans les trois autres équations, on forme le système

$$\begin{cases} x = \dfrac{1 + 3y - 4z + 2u}{3}, \\ 3y - 2\left(\dfrac{1 + 3y - 4z + 2u}{3}\right) - 3z + 3u = 7, \\ 5z - 2\left(\dfrac{1 + 3y - 4z + 2u}{3}\right) - 3y + 5u = 27, \\ 5\left(\dfrac{1 + 3y - 4z + 2u}{3}\right) + 2y - 2z + 4u = 19, \end{cases}$$

lequel est équivalent au proposé.

Ce dernier système devient, tous calculs et réductions **opérés:**

$$\begin{cases} x = \dfrac{1 + 3y - 4z + 2u}{3}, \\ 3y - z + 5u = 23, \\ 23z - 15y + 11u = 83, \\ 21y - 26z + 22u = 52. \end{cases}$$

De la seconde équation, on tire :

$$z = 3y + 5u - 23,$$

et l'on forme en remplaçant z par cette valeur dans les deux dernières équations, le système suivant, équivalent au proposé:

$$\begin{cases} x = \dfrac{1 + 3y - 4z + 2u}{3}, \\ z = 3y + 5u - 23, \\ 23(3y + 5u - 23) - 15y + 11u = 83, \\ 21y - 26(3y + 5u - 23) + 22u = 52, \end{cases}$$

ou encore, calculs et réductions opérés :

$$\begin{cases} x = \dfrac{1 + 3y - 4z + 2u}{3}, \\ z = 3y + 5u - 23, \\ 3y + 7u = 34, \\ 57y + 108u = 546. \end{cases}$$

De la troisième équation de ce dernier système, on tire

$$y = \dfrac{34 - 7u}{3},$$

et substituant à y cette valeur dans la quatrième équation, **on** a le système

$$\begin{cases} x = \dfrac{1 + 3y - 4z + 2u}{3}, \\ z = 3y + 5u - 23, \\ y = \dfrac{34 - 7u}{3}, \\ 57\left(\dfrac{34 - 7u}{3}\right) + 108u = 546, \end{cases}$$

lequel est équivalent au proposé.

Résolvant la dernière équation on trouve $u=4$ et remontant successivement aux trois autres, on a $y=2$, $z=3$, $x=1$.

Le système proposé a donc pour solution $x=1$, $y=2$, $z=3$, $u=4$.

54. Remarques. — Lorsque l'on doit résoudre un système d'équations simultanées, il est clair que l'on peut commencer par éliminer telle inconnue que l'on veut. En général, le calcul devra être conduit de manière à permettre d'arriver au résultat aussi simplement que possible. Ainsi par exemple, si l'on rencontre une inconnue ayant l'unité pour coefficient, il sera bon de commencer par l'élimination de cette inconnue, surtout si l'on opère par substitution : de cette façon en effet, on évitera les dénominateurs. De même si. dans le système proposé les équations ne renferment pas chacune toutes les inconnues, on devra commencer par éliminer l'inconnue qui entre dans le plus petit nombre d'équations. Il est clair que de cette façon on abrégera les calculs.

Enfin lorsque les équations d'un système présentent des formes symétriques par rapport aux inconnues, on peut souvent employer des procédés plus expéditifs que la méthode générale de résolution. On ne saurait donner à ce sujet de règles précises; l'habitude du calcul suggère les procédés particuliers ou artifices qui permettent d'arriver promptement au résultat.

EXEMPLE. — Résoudre le système :

$$\begin{cases} x+y+z=a, \\ x+y+u=b, \\ x+z+u=c, \\ y+z+u=d, \end{cases}$$

Si l'on ajoute membre à membre les quatre équations, il vient :

$$3x+3y+3z+3u=a+b+c+d,$$

d'où

$$x+y+z+u=\frac{a+b+c+d}{3}.$$

Retranchant successivement de cette dernière équation chacune des proposées, on a

$$u = \frac{a+b+c+d}{3} - a,$$

$$z = \frac{a+b+c+d}{3} - b,$$

$$y = \frac{a+b+c+d}{3} - c,$$

$$x = \frac{a+b+c+d}{3} - d.$$

55. Cas où le nombre des équations n'est pas égal au nombre des inconnues. — 1° *Le nombre des équations surpasse celui des inconnues.* — Le système proposé est alors le plus souvent impossible. En effet, supposons que l'on demande de résoudre un système de trois équations à deux inconnues x et y : on prendra deux quelconques des équations proposées et l'on résoudra leur système. On obtiendra ainsi des valeurs de x et y, mais ces valeurs ne conviendront au système proposé qu'autant qu'elles vérifieront la troisième équation ; autrement le système sera impossible.

Lorsque les équations composant un système où le nombre des équations surpasse celui des inconnues renferment des coefficients littéraux dont les valeurs ne sont pas déterminées, on trouve, pour les valeurs des inconnues déterminées en prenant dans le système proposé autant d'équations qu'il y a d'inconnues, des expressions littérales qui transportées dans les équations dont on n'a pas fait usage les transforment en relations entre les lettres qui entrent dans les équations du système proposé. Ces relations se nomment *équations de condition* ; elles expriment les conditions que doivent remplir les coefficients littéraux pour que le système proposé soit possible.

EXEMPLE. — Résoudre le système :

$$\begin{cases} ax + y = b, \\ x + by = a, \\ x + y = a + b. \end{cases}$$

Résolvant le système formé par les deux premières équations, on a

$$x = \frac{a - b^2}{1 - ab},$$

$$y = \frac{b - a^2}{1 - ab}.$$

Ces valeurs transportées dans la troisième équation du système proposé donnent, simplifications opérées :

$$a^2 + b^2 = ab(a + b).$$

Le système ne sera donc possible que si cette relation existe entre les quantités a et b.

2° *Le nombre des inconnues surpasse celui des équations.* — Le système est alors indéterminé. Supposons en effet que l'on ait à résoudre un système de deux équations à trois inconnues x, y, z. On pourra considérer z comme connue et résoudre les deux équations par rapport à x et y. On obtiendra ainsi pour valeur de ces inconnues des formules contenant z (on dit dans ce cas que l'on a les valeurs de x et de y *en fonction* de z). Si dans ces formules on donne à z telle valeur que l'on veut, on en déduira les valeurs de x et y qui formeront avec la valeur arbitraire donnée à z une solution du système. Ce dernier admet donc une infinité de solutions, c'est-à-dire est indéterminé.

Exemple I. — Résoudre l'équation

$$3x - 10y = 8,$$

on en tire

$$x = \frac{8 + 10y}{3}.$$

Il suffira alors, pour avoir une solution, d'attribuer à y telle valeur que l'on voudra. Ainsi, pour $y = 1$, il vient $x = 6$; pour $y = 4$, il vient $x = 16$, etc. On a donc une infinité de valeurs de x et de y vérifiant l'équation proposée.

Exemple II. — Résoudre le système

$$2x - 3y + 4z = 20,$$
$$5x + 2y - 3z = 12.$$

Résolvant par rapport à x et y comme si z était connu, il vient

$$x = \frac{z + 76}{19},$$

$$y = \frac{26z - 76}{19}.$$

En donnant à z telle valeur arbitraire que l'on voudra, on en déduira des valeurs correspondantes pour x et pour y. Le système a donc une infinité de solutions.

56. Cas d'impossibilité et d'indétermination.—Lorsque l'on résout un système de n équations à un nombre n égal d'inconnues, la valeur de chaque inconnue s'obtient comme on l'a vu en résolvant une équation à une inconnue ; on a donc une valeur unique pour chaque inconnue et l'ensemble de ces valeurs constitue la solution *unique* du système proposé. Ceci arrive généralement lorsqu'on a un système renfermant autant d'inconnues que d'équations, mais dans certains cas, les calculs d'élimination conduisent à des équations exprimant des conditions contradictoires et alors le système proposé est impossible. Quelquefois encore ces calculs amènent des équations qui rentrent l'une dans l'autre ; alors le système proposé a pour équivalent un système renfermant plus d'inconnues que d'équations : il est par suite indéterminé.

Exemple 1. — Résoudre le système

$$\begin{cases} x - 3y + 5z = 10, \\ 3x + 2y - 2z = 3, \\ 2x + 5y - 7z = 8. \end{cases}$$

La valeur de x ayant été tirée de la première équation et substituée dans les deux autres, celles-ci deviennent

$$17z - 11y = 27,$$
$$17z - 11y = 12.$$

Elles expriment donc des conditions contradictoires et par suite le système proposé est impossible.

Exemple II. — Résoudre le système

$$\left\{ \begin{array}{l} x - 3y + 5z = 10, \\ 3x + 2y - 2z = 3, \\ 4x - y + 3z = 13. \end{array} \right.$$

En tirant la valeur de x de la première équation et la substituant dans les deux autres, on a le système équivalent :

$$\left\{ \begin{array}{l} x = 10 + 3y - 5z, \\ 17z - 11y = 27, \\ 17z - 11y = 27, \end{array} \right.$$

c'est-à-dire en réalité un système de deux équations à trois inconnues. Le système proposé est donc indéterminé.

Discussion des formules générales pour la résolution des équations du premier degré à une, deux et trois inconnues.

57. Équation du premier degré à une inconnue. — Toute équation du premier degré à une inconnue peut être ramenée à la forme

$$ax = b. \qquad (1)$$

Il suffit en effet pour cela de chasser les dénominateurs, de faire passer dans un membre tous les termes inconnus, dans l'autre les termes connus, et enfin d'opérer les réductions.

De l'équation $ax = b$, on tire en supposant a différent de zéro :

$$x = \frac{b}{a}. \qquad (2)$$

Nous nous proposerons de *discuter* cette formule, c'est-à-dire de faire sur les quantités a et b qu'elle renferme différentes hypothèses et d'examiner si les résultats correspondants sont d'accord avec les conditions particulières dans lesquelles les hypothèses placent l'équation $ax = b$.

1° Lorsque a est différent de zéro, la division des deux membres de l'équation par a est permise et la formule (2) donne pour x une valeur unique vérifiant l'équation (1). Dans le cas de $b = 0$, cette valeur est égale à $\frac{0}{a}$ ou 0, et en effet, l'équation devenant alors $ax = o$, il est aisé de voir qu'elle ne peut être vérifiée que par la valeur $x = o$.

2° Lorsque a est égal à zéro, la division par a des deux membres de l'équation (1) n'est plus permise, mais si l'on introduit néanmoins l'hypothèse $a = o$ dans la formule (2), cette formule donne $x = \dfrac{m}{o}$ si b possède une certaine valeur m différente de zéro, et $x = \dfrac{o}{o}$ si b est égal à zéro. Ces deux résultats n'ont pas de signification par eux-mêmes; pour les interpréter il faut remonter à l'équation $ax = b$.

Supposons donc d'abord $a = o$ et b ayant une valeur m différente de zéro, l'équation devient

$$ox = m,$$

et l'on voit qu'elle ne peut être vérifiée par aucune valeur mise à la place de x; nous pourrons donc dire que $\dfrac{m}{o}$ *est un symbole d'impossibilité.* Nous ferons remarquer en outre que si au lieu de faire brusquement $a = o$, on suppose que ce coefficient diminue en s'approchant indéfiniment de zéro, b conservant une certaine valeur m différente de zéro, la formule $x = \dfrac{b}{a}$ donne pour x des valeurs indéfiniment croissantes. On l'exprime en disant que pour $a = o$, x devient infini. De cette façon on regardera encore $\dfrac{m}{o}$ comme étant *le symbole de l'infini.* L'infini se représente par le signe ∞.

Supposons maintenant $a = o$, $b = o$: dans ce cas l'équation (1) devient

$$ox = o,$$

elle est donc satisfaite quelque valeur que l'on mette à la place de x; en d'autres termes, il y a indétermination. On pourra donc considérer $\dfrac{o}{o}$ comme étant *un symbole d'indétermination.*

REMARQUE I. — Si l'on représente par a et b des quantités quelconques, on a identiquement

$$\frac{1}{a} : \frac{1}{b} = \frac{b}{a} \cdot$$

Or pour $a = 0$, $b = 0$, le premier membre prend la forme $\frac{\infty}{\infty}$ et le second la forme $\frac{0}{0}$; on doit donc regarder l'expression $\frac{\infty}{\infty}$ comme ayant la même signification que $\frac{0}{0}$, c'est-à-dire comme un symbole d'indétermination.

On a également, a et b représentant des nombres quelconques, l'identité

$$a \times \frac{1}{b} = \frac{a}{b}.$$

Pour $a = 0$, $b = 0$, le premier membre devient $0 \times \infty$ et le second $\frac{0}{0}$. On regardera donc l'expression $0 \times \infty$ comme un symbole d'indétermination.

Enfin, on a identiquement quels que soient a et b

$$\frac{1}{a} - \frac{1}{b} = \frac{b-a}{ab}.$$

Pour $a = 0$, $b = 0$, le premier membre devient $\infty - \infty$ et le second $\frac{0}{0}$: $\infty - \infty$ est donc encore un symbole d'indétermination.

REMARQUE II. — Lorsque l'on introduit *une hypothèse* dans une expression algébrique, il peut arriver que cette expression prenne la forme $\frac{0}{0}$ sans qu'il y ait en réalité indétermination pour l'hypothèse introduite.

La forme $\frac{0}{0}$ à laquelle on arrive dans ce cas provient de l'existence d'un facteur commun aux deux termes de l'expression, lequel facteur devient nul pour l'hypothèse que l'on a faite. On dit alors que l'indétermination est *apparente*. Pour la lever, c'est-à-dire pour trouver la véritable valeur que prend l'expression eu égard à l'hypothèse, on commence par faire disparaître le facteur commun, *et une fois ce facteur supprimé*, on introduit l'hypothèse.

EXEMPLE I. — *Trouver la valeur que prend l'expression*

$$\frac{a(b^4 - 1)}{b - 1}$$

quand on y fait b = 1.

On trouve $\frac{0}{0}$, mais si avant de faire $b = 1$, on enlève aux deux termes le facteur $b - 1$ qui s'annule pour $b = 1$, l'expression devient

$$a(b^3 + b^2 + b + 1),$$

et elle prend la valeur $4a$ pour l'hypothèse $b = 1$.

EXEMPLE II. — *Trouver la valeur que prend l'expression*

$$\frac{a^2 - 4a + 3}{a^2 - 5a + 6}$$

lorsqu'on y fait a = 3.

On trouve $\frac{0}{0}$. Mais chaque terme s'annulant pour $a = 3$ est divisible par $a - 3$ (35. Corollaire). Le facteur $a - 3$ qui devient égal à zéro pour $a = 3$ est donc commun aux deux termes de l'expression. Si l'on commence par le supprimer, celle-ci devient

$$\frac{a - 1}{a - 2},$$

et pour $a = 3$, elle prend la valeur déterminée 2.

REMARQUE III. — Une expression peut également prendre par suite de certaines hypothèses l'une des formes $\frac{\infty}{\infty}$, $0 \times \infty$, $\infty - \infty$, sans être pour cela indéterminée. Proposons-nous par exemple de chercher la valeur vers laquelle tend l'expression

$$\frac{3a^2 + 5a + 7}{a^2 + 2a - 2}$$

lorsqu'on fait croître a indéfiniment.

En conservant l'expression sous sa forme actuelle, on trouve $\frac{\infty}{\infty}$. Mais si l'on commence par diviser ses deux termes par la plus haute puissance de la quantité variable a, c'est-à-dire par a^2, elle devient

$$\frac{3 + \dfrac{5}{a} + \dfrac{7}{a^2}}{1 + \dfrac{2}{a} - \dfrac{2}{a^2}},$$

et l'on voit que a croissant indéfiniment, les fractions $\dfrac{5}{a}$, $\dfrac{7}{a^2}$, $\dfrac{2}{a}$, $\dfrac{2}{a^2}$, tendent vers zéro, de sorte que la limite vers laquelle tend l'expression proposée est **3**.

Soit encore l'expression

$$a - \sqrt{a^2 - 2}.$$

Proposons-nous de chercher ce qu'elle devient lorsque a croît indéfiniment.

En la conservant sous sa forme, on trouve $\infty - \infty$. Mais si au préalable on la multiplie et divise par $a + \sqrt{a^2 - 2}$, elle devient, simplifications opérées :

$$\frac{2}{a + \sqrt{a^2 - 2}},$$

et l'on voit que a croissant indéfiniment, elle tend vers zéro.

Les exemples qui précèdent indiquent les procédés ou artifices à employer pour déterminer la véritable valeur d'expressions qui prennent la forme de l'indétermination par suite d'hypothèses faites sur les lettres qu'elles renferment.

58. Système de deux équations du premier degré à deux inconnues. — Toute équation du premier degré à deux inconnues peut être ramenée à la forme $ax + by = c$; nous considérons donc le système

$$(1) \qquad \begin{cases} ax + by = c, \\ a'x + b'y = c', \end{cases}$$

dans lequel a, b, c, a', b', c', représentent des quantités quelconques indépendantes des inconnues.

Résolvant par l'une des méthodes indiquées, celle de substitution, par exemple, on forme le système équivalent

$$(2) \quad \begin{cases} x = \dfrac{c - by}{a}, \\ a'\left(\dfrac{c - by}{a}\right) + b'y = c'. \end{cases}$$

La dernière équation de ce système étant résolue, donne

$$(3) \quad y = \frac{ac' - ca'}{ab' - ba'},$$

d'où substituant dans l'autre, on a

$$(4) \quad x = \frac{cb' - bc'}{ab' - ba'}.$$

Nous allons discuter les formules (3) et (4).

Supposons les coefficients tous différents de zéro. Deux cas principaux se présentent : le dénominateur commun $ab' - ba'$ est différent de zéro, ou bien il est égal à zéro.

1° $ab' - ba'$ *est différent de zéro.* — Alors les transformations effectuées pour trouver les valeurs des inconnues sont permises et les formules (3) et (4) donnent pour x et y des valeurs qui forment la solution unique du système (1).

2° $ab' - ba'$ *est égal à zéro.* — Dans ce cas il peut arriver que le numérateur d'une des inconnues soit différent de zéro ou bien égal à zéro.

Supposons d'abord avec $ab' - ba' = 0$ que l'on ait $cb' - bc' \gtreqless 0$, l'autre numérateur $ac' - ca'$ sera alors lui-même différent de zéro, car de $ab' - ba' = 0$, on tire

$$ab' = ba' \quad \text{d'où} \quad \frac{a}{a'} = \frac{b}{b'},$$

et de $cb' - bc' \gtreqless 0$, on tire

$$cb' \gtreqless bc' \quad \text{d'où} \quad \frac{c}{c'} \gtreqless \frac{b}{b'},$$

ce qui donne

$$\frac{a}{a'} \gtreqless \frac{c}{c'}, \quad \text{ou} \quad ac' \gtreqless ca'.$$

La division par $ab' - ba'$ que l'on a dû faire pour trouver la valeur des inconnues n'est plus permise ici, mais si l'on introduit néanmoins les hypothèses dans les formules (3) et (4), ces formules prennent chacune la forme $\frac{m}{o}$, et nous avons vu que cette expression est le symbole de l'impossibilité. Or, en effet, les équations du système (1) sont, avec les hypothèses actuelles, incompatibles et, par suite, leur système est impossible.

Pour le mettre en évidence, divisons les deux membres de la première par b, les deux membres de la seconde par b', ce qui est permis puisqu'on a supposé les coefficients différents de zéro. Nous formerons ainsi le système

$$(5) \quad \begin{cases} \dfrac{a}{b} x + y = \dfrac{c}{b}, \\[2mm] \dfrac{a'}{b'} x + y = \dfrac{c'}{b'}. \end{cases}$$

qui est équivalent au proposé et dont l'impossibilité est manifeste puisqu'il résulte des hypothèses $ab' - ba' = o$, $cb' - bc' \gtreqless o$ que les premiers membres des équations qui le composent sont identiques tandis que les seconds sont différents.

Supposons maintenant que l'on ait en même temps

$$ab' - ba' = o, \quad cb' - bc' = o.$$

On en déduira aisément $ac' - ca' = o$ et les formules (3) et (4) prendront chacune la forme $\frac{o}{o}$ qui est un symbole d'indétermination. Or ici en effet, il y a bien indétermination, car si l'on met le système (1) sous la forme (5), on voit qu'il est équivalent à un système formé de deux équations rentrant l'une dans l'autre, c'est-à-dire en réalité formé d'une seule équation à deux inconnues.

Les formes affectées par les formules (3) et (4) dans l'hypothèse $ab' - ba' = o$ nous donnent donc des indications d'accord avec les conditions particulières dans lesquelles les équations du système (1) se trouvent placées d'après les hypothèses que nous avons faites.´

En résumant la discussion qui précède, on voit qu'étant donné un système ramené à la forme

$$(1) \qquad \begin{cases} ax + by = c, \\ a'x + b'y + c', \end{cases}$$

il peut se présenter trois cas :

1° Le rapport $\dfrac{a}{a'}$ des coefficients de x n'est pas égal au rapport $\dfrac{b}{b'}$ des coefficients de y, on a alors une solution et une seule, c'est-à-dire une valeur unique pour x et une valeur unique pour y, vérifiant les équations proposées.

2° Le rapport $\dfrac{a}{a'} = \dfrac{b}{b'}$ et est différent de $\dfrac{c}{c'}$, rapport des termes connus, alors les équations sont incompatibles et il n'y a pas de solution.

3° On a $\dfrac{a}{a'} = \dfrac{b}{b'} = \dfrac{c}{c'}$, alors les équations rentrent l'une dans l'autre et il y a une infinité de solutions.

Nous avons supposé dans ce qui précède tous les coefficients différents de zéro. Parmi les autres cas qui peuvent se présenter, nous examinerons seulement celui de $c = c' = 0$.

Dans cette hypothèse, les formules (3) et (4) donnent

$$x = \frac{0}{ab' - ba'}, \qquad y = \frac{0}{ab' - ba'}.$$

Si $ab' - ba'$ est différent de zéro, on a $x = 0$, $y = 0$ et ces valeurs sont les seules capables de vérifier les équations du système (1). Mais si $ab' - ba' = 0$, les formules donnent $x = \dfrac{0}{0}$, $y = \dfrac{0}{0}$ et les valeurs de x et y sont indéterminées.

En effet, pour $c = c' = 0$, les équations du système (1) deviennent

$$\begin{cases} ax + by = 0, \\ a'x + b'y = 0, \end{cases}$$

et l'on en tire :

$$x = -\frac{b}{a} y, \quad x = -\frac{b'}{a'} y.$$

Donc si $ab' - ba'$ est différent de zéro, $\frac{b}{a}$ est différent de $\frac{b'}{a'}$ et les équations ne peuvent être vérifiées que si l'on y fait $y = o$, ce qui amène $x = o$. Si au contraire $ab' - ba' = o$, $\frac{b}{a}$ est égal à $\frac{b'}{a'}$, les deux équations n'en forment plus qu'une seule et il y a indétermination.

Dans ce dernier cas, le rapport des inconnues est déterminé puisque l'on a

$$\frac{x}{y} = -\frac{b}{a} = -\frac{b'}{a'}.$$

REMARQUE. — Il est bon d'observer la loi de formation des valeurs

$$x = \frac{cb' - bc'}{ab' - ba'}, \quad y = \frac{ac' - ca'}{ab' - ba'}.$$

Leur dénominateur commun se forme en multipliant en croix les coefficients des inconnues et interposant le signe — entre les deux produits. Le numérateur de chaque valeur se forme en remplaçant dans le dénominateur les coefficients de l'inconnue dont on forme la valeur par les termes connus correspondants.

58 bis. Système de trois équations du premier degré à trois inconnues. — Soit à résoudre le système

$$(1) \quad \begin{cases} ax + by + cz = d, \\ a'x + b'y + c'z = d', \\ a''x + b''y + c''z = d''. \end{cases}$$

En employant l'un des procédés de résolution qui ont été indiqués, on trouve :

$$x = \frac{db'c'' - dc'b'' + cd'b'' - bd'c'' + bc'd'' - cb'd''}{ab'c'' - ac'b'' + ca'b'' - ba'c'' + bc'a'' - cb'a''},$$

$$y = \frac{ad'c'' - ac'd'' + ca'd'' - da'c'' + dc'a'' - cd'a''}{ab'c'' - ac'b'' + ca'b'' - ba'c'' + bc'a'' - cb'a''},$$

$$z = \frac{ab'd'' - ad'b'' + da'b'' - ba'd'' + bd'a'' - db'a''}{ab'c'' - ac'b'' + ca'b'' - ba'c'' + bc'a'' - cb'a''}.$$

Lorsque $d = d' = d'' = 0$, les numérateurs des valeurs des inconnues deviennent tous égaux à zéro. Si alors le dénominateur commun n'est pas nul, les formules donnent $x = 0$, $y = 0$, $z = 0$ et ce sont les seules valeurs capables de vérifier les équations (1) ; mais si le dénominateur commun est nul, les valeurs des inconnues prennent chacune la forme $\frac{0}{0}$ et le système est indéterminé.

En effet, pour $d = d' = d'' = 0$, les équations (1) deviennent

$$(2) \qquad \begin{cases} ax + by + cz = 0, \\ a'x + b'y + c'z = 0, \\ a''x + b''y + c''z = 0. \end{cases}$$

Si l'on élimine deux des inconnues, y et z par exemple, on trouve

$$(ab'c'' - ac'b'' + ca'b'' - ba'c'' + bc'a'' - cb'a'')x = 0.$$

Donc si le coefficient de x n'est pas nul, l'équation n'est vérifiée que par $x = 0$, d'où l'on tire aisément $y = z = 0$. Mais si ce coefficient est nul, l'équation est vérifiée pour toute valeur de x et il y a indétermination.

Dans ce dernier cas, les rapports des inconnues sont déterminés. En effet, les équations du système (2) peuvent s'écrire

$$(3) \qquad \begin{cases} a\,\dfrac{x}{y} + c\,\dfrac{z}{y} = -b, \\[2mm] a'\,\dfrac{x}{y} + c'\,\dfrac{z}{y} = -b', \\[2mm] a''\,\dfrac{x}{y} + c''\,\dfrac{z}{y} = -b''. \end{cases}$$

Or si l'on considère $\dfrac{x}{y}$ et $\dfrac{z}{y}$ comme deux inconnues, on trouve en résolvant les deux premières équations :

$$\frac{x}{y} = \frac{cb' - bc'}{ac' - ca'}, \qquad \frac{z}{y} = \frac{ba' - ab'}{ac' - ca'},$$

et ces valeurs transportées dans la troisième équation donnent l'équation de condition

$$ab'c'' - ac'b'' + ca'b'' - ba'c'' + bc'a'' - cb'a'' = 0.$$

Équation qui est par hypothèse vérifiée. Donc les valeurs trouvées pour $\frac{x}{y}$ et $\frac{z}{y}$ vérifient les équations du système (3), et l'on voit ainsi que les rapports des inconnues du système (2) sont déterminés.

REMARQUE. — La loi de formation des valeurs de x, y et z que l'on trouve en résolvant le système (1) est la suivante :

Pour former le dénominateur, on écrit les lettres a et b en changeant leur ordre et l'on a ainsi les deux groupes

$$ab, \qquad ba.$$

On fait passer la lettre c à chaque place dans chaque groupe, ce qui donne

$$abc, \qquad acb, \qquad cab, \qquad bac, \qquad bca, \qquad cba.$$

On accentue d'un accent la seconde lettre de chaque groupe, et de deux accents la troisième, puis on sépare les groupes alternativement par les signes — et + : on a ainsi l'expression

$$ab'c'' - ac'b'' + ca'b'' - ba'c'' + bc'a'' - cb'a''$$

qui est le dénominateur commun des valeurs de x, y et z.

Le numérateur de chaque inconnue se forme ensuite en remplaçant, dans ce dénominateur, les coefficients de l'inconnue dont on forme la valeur par les termes connus correspondants : ainsi pour x par exemple, on remplace a par d, a' par d', a'' par d'' et de même pour les deux autres inconnues.

Problèmes du premier degré.

59. La résolution d'un problème au moyen de l'algèbre comprend plusieurs parties :

1° La mise en équation qui consiste, après avoir représenté les inconnues par des lettres, à indiquer les relations de calcul existant entre elles et les données du problème d'après l'énoncé ;

2° La résolution de l'équation ou des équations ainsi obtenues ;

3° La discussion, lorsque une ou plusieurs des données sont littérales, c'est-à-dire l'examen des conditions de possibilité du problème et des différents cas remarquables que la question est susceptible de présenter eu égard aux hypothèses particulières que l'on peut faire sur les données.

On ne peut donner de règle précise pour la mise en équation d'un problème. Les exemples qui suivent indiqueront la marche à suivre en général.

EXEMPLE I. — *Un père a 40 ans de plus que son fils; dans 15 ans son âge sera triple de celui de son fils : quel est l'âge actuel de ce dernier ?*

Soit x l'âge demandé: l'âge du père est actuellement $x + 40$ et dans 15 ans il sera $x + 40 + 15$ ou $x + 55$. A ce moment l'âge du fils sera $x + 15$, et comme d'après l'énoncé l'âge du père vaudra 3 fois celui du fils, on aura l'équation

$$3(x + 15) = x + 55.$$

Résolvant d'après les règles connues, on trouve

$$x = 5.$$

EXEMPLE II. — *Dans une voiture à quatre roues, la circonférence des roues de devant est 2 mètres, et celle des roues de derrière 2 mètres 50 centimètres; on sait que la voiture ayant parcouru un certain chemin, les roues de devant ont fait 1200 tours de plus que les autres : trouver la longueur du chemin parcouru.*

Soit x la longueur demandée. Pour parcourir cette longueur, les roues de devant ont fait un nombre de tours marqué par $\dfrac{x}{2}$, et les roues de derrière un nombre de tours marqué par $\dfrac{x}{2,50}$. On a donc d'après l'énoncé :

$$\frac{x}{2} = \frac{x}{2,50} + 1200.$$

Effectuant, on trouve

$$x = 12 \text{ kilomètres.}$$

EXEMPLE III. — *Trouver deux nombres sachant que si l'on enlève une unité au premier pour l'ajouter au second, ce dernier devient le triple du premier, et que si l'on ajoute au premier nombre une unité que l'on enlève au second, les deux nombres deviennent égaux.*

Soient x le premier nombre et y le second, on a d'après l'énoncé

$$\begin{cases} 3(x-1) = y+1, \\ x+1 = y-1. \end{cases}$$

Résolvant ce système d'équations, on trouve

$$x = 3, \qquad y = 5.$$

EXEMPLE IV. — *Les trois côtés d'un triangle valent respectivement 412 mètres, 506 mètres, 514 mètres: calculer les valeurs des six segments déterminés sur ces côtés par les points de contact du cercle inscrit.*

Ces segments sont égaux deux à deux comme tangentes issues du même point ; d'autre part la somme de deux d'entre eux vaut un des côtés du triangle. On a donc en nommant x, y, z les segments demandés :

$$\begin{cases} x+y = 412, \\ x+z = 506, \\ y+z = 514. \end{cases}$$

Résolvant, on trouve

$$x = 202^\text{m}, \qquad y = 210^\text{m}, \qquad z = 304^\text{m}.$$

Solutions négatives.

60. Il arrive quelquefois qu'en résolvant un problème on trouve pour solution une quantité négative. Nous allons indiquer dans quelles circonstances les solutions négatives se présentent et comment on les interprète.

61. Problème I. — *Un père a 40 ans, son fils en a 13 : à quelle époque l'âge du père est-il quadruple de celui du fils ?*

Supposons l'époque demandée future et soit x le nombre d'années au bout desquelles la condition de l'énoncé sera remplie. A ce moment, l'âge du père sera $40 + x$ et celui du fils $13 + x$: on a donc l'équation

$$40 + x = 4(13 + x). \qquad\qquad (1)$$

Il vient en la résolvant :

$$= -4.$$

Cette solution négative n'a par elle-même aucun sens, mais la quantité -4 transportée dans l'équation (1) la vérifie. Si donc on remplace dans cette équation x par $-x$, l'équation résultante

$$40 - x = 4(13 - x)$$

admettra pour solution $x = 4$. Or il est aisé de voir que cette équation n'est autre que la traduction algébrique de l'énoncé du problème, l'époque demandée étant supposée passée. — Comme on a fait, pour mettre le problème en équation, l'hypothèse que l'époque à trouver était future, on doit en conclure que la solution négative -4 provient de cette fausse hypothèse faite sur le sens dans lequel on devait compter l'inconnue. On voit de plus que cette solution prise positivement est celle de la question proposée, le sens dans lequel on doit compter l'inconnue étant rectifié.

Reprenons maintenant le problème en le généralisant comme il suit :

L'âge d'un père est a, *celui de son fils est* b : *à quelle époque l'âge du père vaut-il* m *fois celui du fils ?*

En supposant l'époque future et désignant par x le nombre d'années au bout desquelles la condition de l'énoncé est réalisée, on a l'équation

$$a + x = m(b + x),$$

et l'on en tire

$$x = \frac{a - mb}{m - 1}.$$

Lorsqu'on viendra à mettre cette formule en nombres, on aura tantôt $a > mb$, tantôt $a < mb$ suivant les valeurs particulières attribuées à a, b et m. Dans le premier cas on aura pour x une valeur positive indiquant que l'époque demandée est bien dans l'avenir comme on l'a supposé pour mettre le problème en équation. — Dans le second cas, la valeur de x sera un nombre négatif et d'après les considérations qui viennent d'être exposées, ce nombre pris, abstraction faite du signe —, sera encore la solution du problème, mais indiquera que l'époque demandée est passée.

On voit ainsi que la formule obtenue conviendra à tous les cas de la question.

62. Problème II. — *Étant donnés un angle* XAY (fig. 1) *et une droite* BC *comprise entre ses côtés, mener parallèlement à* BC *une droite comprise entre les côtés de l'angle et ayant une longueur donnée l.*

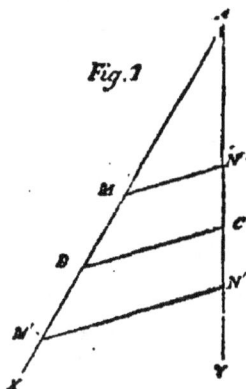

Supposons le problème résolu et soit MN la ligne demandée. Nommons x la distance BM. Les triangles AMN, ABC étant semblables, on a, en représentant par c et a les droites AB et BC,

$$(1) \qquad \frac{c-x}{c} = \frac{l}{a},$$

on déduit de cette équation

$$x = \frac{c(a-l)}{a}.$$

Deux cas se présentent lorsqu'on veut appliquer cette formule ; la quantité l donnée peut être plus grande ou plus petite que a.

Si l'on a $l < a$, on trouve pour x une valeur positive. L'hypothèse faite pour mettre le problème en équation est donc exacte, c'est-à-dire que l'extrémité M de la droite demandée est située entre le point B et le sommet A de l'angle donné.

Si l'on a $l > a$, la valeur de x devient négative. Cette valeur prise abstraction faite de son signe donne encore la solution de la question pourvu que l'on porte la distance qu'elle indique de l'autre côté du point B. En effet, remettons le problème en équation, en prenant pour inconnue la distance BM' (M'N' étant supposée la ligne demandée). Nous avons

$$\frac{c+x}{c} = \frac{l}{a},$$

et cette équation ne diffère de l'équation (1) qu'en ce que x y est remplacé par $-x$; elle admet donc pour solution la valeur négative trouvée en supposant $l > a$, cette valeur étant prise abstraction faite de son signe.

On voit ainsi que dans ce problème comme dans le précédent, une même formule convient aux différents cas d'une question pourvu que l'on convienne de regarder les solutions positives comme indiquant des valeurs que l'on doit compter dans un certain sens, et les solutions négatives comme représentant des valeurs qui doivent être comptées en sens contraire des premières.

63. Problème III. — *Trouver l'âge d'une personne sachant que si du quintuple de cet âge on retranche le double de l'âge que la personne avait il y a 20 ans, on obtiendra l'âge qu'elle aura dans 12 ans.*

Soit x l'âge demandé. L'énoncé donne immédiatement

(1) $$5x - (x - 20)2 = x + 12,$$

on en tire

$$x = -14.$$

Cette solution négative indique simplement que le problème proposé est impossible, car on n'a eu aucune hypothèse à faire dans un sens ou l'autre pour le mettre en équation.

On peut se proposer de chercher quelles sont les modifications qu'il faut introduire dans l'énoncé, non-seulement pour que le problème devienne possible, mais encore pour qu'il admette pour solution le nombre positif 14.

Remarquant que la quantité négative -14 vérifie l'équation (1), on voit que 14 vérifiera l'équation

$$-5x - (-x - 20)2 = -x + 12.$$

déduite de la première en y remplaçant x par $- x$. Or cette nouvelle équation peut s'écrire

$$5x - (x + 20)2 = x - 12,$$

et elle est la traduction du problème qui suit :

Trouver l'âge d'une personne sachant que si du quintuple de cet âge on retranche le double de l'âge que la personne aura dans 20 ans, on obtiendra l'âge qu'elle avait il y a 12 ans.

Ce dernier problème est donc possible et il admet pour solution $x = 14$.

64. Résumé. — Lorsqu'en traitant un problème par l'algèbre on obtient une solution négative, deux cas peuvent se présenter :

1° *L'inconnue de la question est susceptible d'être comptée dans deux sens différents.* Alors la solution négative prise abstraction faite de son signe donne la solution du problème proposé à condition que l'on comptera la valeur de l'inconnue dans le sens opposé à celui dans lequel on avait supposé qu'elle devait être comptée, lorsqu'on a mis le problème en équation.

2° *L'inconnue n'est pas susceptible d'être comptée dans deux sens différents.* Alors la solution négative indique l'impossibilité du problème proposé. On peut alors, si l'on veut, chercher comment on doit modifier l'énoncé pour le rendre possible, la valeur trouvée, prise abstraction faite de son signe, restant la solution du problème modifié. Pour cela on change x en $- x$ dans l'équation qui a fourni la solution négative, et l'on adapte à la nouvelle équation ainsi obtenue un énoncé se rapprochant autant que possible de l'énoncé primitif.

Il ne faut pas d'ailleurs perdre de vue que si les considérations qui précèdent sont en général exactes, il est tels cas dans lesquels elles ne sont applicables ni l'une ni l'autre.

65. Remarque. — On a vu par les problèmes (61) et (62) que les quantités négatives permettent de renfermer dans une même formule les différents cas d'une question. On peut tirer de l'usage de ces quantités un grand avantage au point de vue de la généralisation des problèmes en les introduisant dans l'énoncé. Ainsi s'il s'agit d'un mobile se mouvant sur une droite, on peut regarder sa vitesse comme positive ou négative suivant qu'il se meut dans un sens ou l'autre, etc. Cette manière de procéder n'est autre que l'application de la règle suivante due à Descartes :

Lorsqu'une grandeur peut être comptée dans deux sens différents, on regardera sa valeur comme positive lorsqu'elle est comptée dans un sens, d'ailleurs arbitraire, et comme négative lorsqu'elle est comptée en sens contraire du premier.

Nous donnerons plus loin une application de cette règle (68. Remarque).

Cas d'impossibilité.

66. L'impossibilité d'un problème peut se manifester de différentes manières.

Ainsi la solution trouvée peut être une quantité négative, l'inconnue n'étant pas d'ailleurs susceptible d'être comptée dans deux sens différents.

La solution peut être un nombre fractionnaire lorsque l'énoncé exige un nombre entier ; ou encore une quantité dépassant les limites entre lesquelles doit rester renfermée l'inconnue.

L'énoncé peut conduire à plus d'équations qu'il n'y a d'inconnues ; ou encore à des équations incompatibles.

La résolution de l'équation ou des équations résultant de l'énoncé peut amener à une expression de la forme $o = m$.

Comme exemple de ce dernier cas, nous traiterons la question suivante :

Trouver l'âge d'une personne sachant que si du triple de cet âge on retranche le double de l'âge que la personne aura dans 10 ans, on aura pour résultat l'âge qu'elle aura dans 3 ans.

Soit x l'âge demandé : on a l'équation

$$3x - 2(x + 10) = x + 3.$$

Effectuant et simplifiant, il vient

$$o = 23,$$

ou conservant trace de la lettre x,

$$o \times x = 23.$$

Le problème proposé est donc impossible.

REMARQUE. — Le cas qui se présente ici est celui où la valeur de l'inconnue prend la forme $\frac{m}{o}$. Or on a vu (57) que $\frac{m}{o}$ est le symbole de l'impossibilité, mais peut aussi être considéré comme le symbole de l'infini, c'est-à-dire comme représentant une valeur plus grande que toute quantité donnée. Dans certains problèmes on peut donc trouver pour résultat une expression de la forme $\frac{m}{o}$ sans que le problème soit impossible. Ceci arrive lorsque l'inconnue de la question peut prendre des valeurs infiniment grandes. Ainsi si l'on a à chercher la distance d'un point donné à laquelle doivent se rencontrer deux droites assujetties à certaines conditions, on trouve $\frac{m}{o}$ lorsque les deux droites deviennent parallèles, ce qu'on peut exprimer en disant que leur rencontre se fait à une distance infiniment grande du point donné.

De même encore si l'on a à chercher un angle et que l'on ait pris pour inconnue sa tangente trigonométrique, une solution de la forme $\frac{m}{o}$, c'est-à-dire infinie, indique que l'angle demandé est droit.

Cas d'Indétermination.

67. On dit qu'un problème est indéterminé lorsqu'il admet une infinité de solutions. L'indétermination d'un problème peut se manifester de différentes façons :

Lorsque l'énoncé conduit à un nombre d'équations moindre que les nombres des inconnues ; ou encore conduit à des équations en nombre égal à celui des inconnues, mais rentrant l'une dans l'autre.

Lorsque la résolution des équations conduit à un résultat de la forme o = o.

Nous traiterons comme exemple de ce dernier cas le problème suivant :

Trouver l'âge d'une personne sachant que si du triple de cet âge on retranche le double de l'âge que la personne aura dans 10 ans, on obtiendra l'âge qu'elle avait il y a 20 ans.

Soit x l'âge demandé, on a l'équation

$$3x - 2(x + 10) = x - 20.$$

Effectuant et simplifiant, il vient

$$o = o,$$

ou conservant trace de la lettre x,

$$ox = o.$$

On voit ici que le problème est indéterminé, car l'équation sera vérifiée pour toute valeur de x puisqu'elle a pour équivalente l'équation $ox = o$. C'est ici le cas où la valeur de l'inconnue se présente sous la forme $\frac{o}{o}$.

REMARQUE. — Lorsque l'on traite une question où les données sont représentées par des lettres, la valeur de chaque inconnue est une formule, laquelle peut prendre la forme $\frac{o}{o}$ lorsque l'on fait une hypothèse sur les lettres qu'elle renferme. Il faut avoir soin dans ce cas de vérifier si l'indétermination est réelle ou seulement apparente. Nous avons indiqué plus haut (57. — *Remarque* II) comment on lève une indétermination apparente.

Discussion des problèmes du premier degré.

68. Exemple. — *Deux courriers se meuvent depuis un temps indéfini d'un mouvement uniforme sur une droite indéfinie XY (fig. 2) qu'ils parcourent dans le même sens, de X vers Y. A un certain moment ils se trouvent l'un en A, l'autre en B séparés par une distance d ; la vitesse du courrier en A est v, celle du courrier en B est v'. A*

Fig. 2. :

quelle distance du point B *les courriers se rencontrent-ils ?*

Soit C le point où se fait la rencontre et nommons x la distance BC.

Le premier courrier met pour parcourir la distance AC un temps marqué par $\dfrac{d+x}{v}$; le second courrier met pour parcourir la distance BC un temps marqué par $\dfrac{x}{v'}$, ces deux temps sont évidemment égaux, et l'on a l'équation

(1) $$\frac{d+x}{v} = \frac{x}{v'} .$$

On en tire

(a) $$x = \frac{dv'}{v-v'} .$$

DISCUSSION. — 1° Supposons d'abord $v > v'$. La valeur de x donnée par la formule est alors positive, ce qui indique que la rencontre se fait bien du côté où on l'a supposé, c'est-à-dire à droite du point B. Et en effet, dans ce cas, au moment où les courriers se trouvent l'un en A, l'autre en B, celui placé en A a la vitesse la plus grande et doit par suite atteindre l'autre au delà du point B.

2° Soit maintenant $v < \iota$. La formule donne alors pour x une valeur négative. Cette valeur, abstraction faite de son signe, donne la solution du problème, mais indique en même temps que la rencontre des courriers se fait actuellement à gauche du point B et non à droite comme on l'a supposé en mettant le problème en équation.

Cette interprétation de la valeur négative peut être justifiée comme il suit :

L'équation (1) est vérifiée par la valeur négative obtenue pour x, donc si l'on y change x en — x, la nouvelle équation

(2) $$\frac{x-d}{v} = \frac{x}{v'}$$

sera vérifiée par la même valeur, prise positivement. Or si l'on met le problème en équation en supposant que la rencontre des deux courriers se fasse à gauche du point B, on trouve précisément l'équation (2). Donc dans le cas actuel la rencontre des deux courriers se fait bien à gauche du point B et à une distance de ce point marquée par la valeur absolue de la quantité négative donnée par la formule (a). On voit d'ailleurs *a priori* que dans le cas de $v < v'$, la rencontre ne saurait se faire à droite du point B.

3° Soit $v = v'$. La valeur de x donnée par la formule (a) se présente alors sous la forme $\frac{m}{0}$. Donc dans le cas actuel les deux courriers ne se rencontrent pas, ou encore ils se rencontrent à une distance infiniment grande du point B. Il est aisé de voir que cette conclusion est d'accord avec les conditions dans lesquelles le problème se trouve placé par suite de l'hypothèse $v = v'$.

Si en même temps què $v = v'$, on suppose $d = 0$, la valeur de x donnée par la formule (a) se présente sous la forme $\frac{0}{0}$. Il y a bien en effet dans ce cas indétermination, car les courriers étant au même point de la route à l'instant où on les considère et de plus ayant la même vitesse, se trouvent toujours ensemble au même point, en d'autres termes se rencontrent en tous les points de la droite XY.

4° Supposons enfin $v \gtreqless v'$ et $d = 0$. La formule (a) donne $x = \frac{0}{m}$ ou 0, et en effet, il est clair que le point de rencontre est dans ce cas le point B lui-même.

REMARQUE. — Reprenons le problème précédent, mais en supposant qu'au lieu de marcher dans le même sens suivant la droite XY, les courriers marchent en sens contraire en se dirigeant l'un vers l'autre, alors la rencontre se fera entre les points A et B et si l'on représente toujours par x la distance du point B au point de rencontre, on aura l'équation

$$\frac{d - x}{v} = \frac{x}{v'}$$

d'où l'on tire

(b) $$x = \frac{dv'}{v + v'}$$

Or si nous convenons de considérer la vitesse v' comme positive lorsque le mobile en B se meut de X vers Y, et comme négative lorsqu'il se meut dans le sens contraire et en outre de regarder les distances comptées à droite du point B comme positives et celles comptées à gauche comme négatives (65), nous reconnaîtrons que la formule (*b*) est contenue dans la formule (*a*) et qu'ainsi cette dernière formule est applicable aux deux cas du problème.

On peut encore reconnaître que moyennant les conventions qui précèdent appliquées également à la vitesse v, la formule (*a*) renferme tous les cas que peut présenter le problème lorsqu'on suppose les deux courriers marchant tantôt dans un sens, tantôt dans le sens opposé.

L'introduction des quantités négatives dans l'énoncé d'un problème présente donc un grand intérêt au point de vue de la généralisation des questions que l'on traite par l'algèbre.

Inégalités du premier degré.

69. Définition. — On dit qu'une quantité est plus grande ou plus petite qu'une autre, lorsqu'elle est égale à cette autre augmentée ou diminuée d'une quantité positive.

Ainsi, m étant positif, si l'on a : $a = b + m$, on en déduira l'inégalité

$$a > b,$$

de même $c = d - m$ donne l'inégalité

$$c < d.$$

70. Principes relatifs aux inégalités. — 1° *Lorsque l'on change les signes des deux membres d'une inégalité, cette inégalité existe encore, mais en sens contraire.*

En effet, soit l'inégalité

$$a > b.$$

On en tire, m étant une quantité positive,

$$a = b + m,$$

d'où changeant les signes

$$- a = - b - m,$$

on a donc

$$- a < - b.$$

2° *Lorsqu'on ajoute aux deux membres d'une inégalité, ou qu'on en retranche une même quantité, l'inégalité subsiste encore dans le même sens.*

En effet, l'inégalité $a > b$ donne $a = b + m$, m étant positif, donc

$$a \pm k = b \pm k + m,$$

et par suite on a

$$a \pm k > b \pm k.$$

3° *Lorsqu'on multiplie ou divise les deux membres d'une inégalité par une même quantité* k, *l'inégalité subsiste dans le même sens si* k *est positif et dans le sens contraire si* k *est négatif.*

En effet, l'inégalité $a > b$ donne $a = b + m$, m étant positif. De $a = b + m$, on déduit

$$ak = bk + mk.$$

Si k est positif, mk l'est également et l'on a

$$ak > bk.$$

Si k est négatif, mk est aussi négatif et l'on a alors

$$ak < bk.$$

La démonstration est la même lorsque l'on divise les deux membres par k.

4° *Lorsque deux quantités négatives sont inégales, leurs carrés sont inégaux en sens contraire.*

Soit l'inégalité $- a > - b$, on en tire

$$a < b,$$

d'où $a^2 < b^2$, ou ce qui revient au même,

$$(- a)^2 < (- b)^2.$$

En général, toute transformation amenant un changement de signes dans les deux membres d'une inégalité, amène un changement dans le sens de l'inégalité.

71. Résolution des inégalités du premier degré. — S'appuyant sur les principes qui précèdent, on résout les inégalités du premier degré au moyen de procédés analogues à ceux que l'on emploie pour la résolution des équations.

EXEMPLE. — Soit l'inégalité

$$x - \frac{5}{6} > 3 - \frac{5x}{8}.$$

En multipliant les deux membres par 24, plus petit commun multiple des dénominateurs, il vient

$$24x - 20 > 72 - 15x,$$

d'où, effectuant la transposition des termes

$$39x > 92,$$

et enfin

$$x > \frac{92}{39}.$$

L'inégalité proposée est donc vérifiée pour toute valeur de x supérieure à $\frac{92}{39}$.

CHAPITRE III

ÉQUATIONS DU SECOND DEGRÉ.

Radicaux du second degré. — Imaginaires.

72. On nomme *valeur arithmétique* d'un radical du second degré, le nombre positif qui, élevé au carré, reproduit la quantité placée sous le radical. Nous allons exposer quelques principes relatifs aux valeurs arithmétiques des radicaux du second degré.

73. *Pour élever au carré un produit de facteurs, on élève séparément chacun de ces facteurs au carré.*

Ainsi, le carré de $7a^3b^2c$ est $49a^6b^4c^2$.

Il suffit pour le reconnaître de se reporter à la règle de la multiplication des monomes (15).

On déduit du principe précédent que *le produit de plusieurs radicaux du second degré est égal à un seul radical sous lequel on effectue le produit des quantités placées sous les radicaux proposés.*

Ainsi $$\sqrt{a} \times \sqrt{b} \times \sqrt{c} = \sqrt{abc}.$$

En effet, si l'on élève au carré les deux membres de cette égalité, on obtient des résultats identiques puisqu'ils valent chacun abc.

74. *Pour élever au carré une expression fractionnaire, on* *élève séparément au carré son numérateur et son dénominateur.*

Ainsi le carré de $\dfrac{7a^3b}{5c^2d}$ est égal à $\dfrac{49a^6b^2}{25c^4d^2}$.

Il suffit pour le reconnaître de se reporter à la règle de la multiplication des fractions algébriques (40).

De ce principe résulte que *le quotient de deux radicaux du second degré s'obtient en indiquant sous un radical le quotient des quantités placées sous les radicaux proposés.*

Ainsi $$\frac{\sqrt{a}}{\sqrt{b}} = \sqrt{\frac{a}{b}}.$$

En effet, l'un et l'autre membre de cette égalité étant élevé au carré, donne le même résultat $\dfrac{a}{b}$ (*).

75. Lorsqu'une quantité qui entre comme facteur sous un radical est carré parfait, on peut la faire sortir du radical, c'est-à-dire l'écrire en dehors du radical après avoir au préalable extrait sa racine.

Soit par exemple l'expression

$$\sqrt{16a^5b^2c}.$$

On peut l'écrire $\sqrt{16a^4b^2 \times ac}$, ou encore $\sqrt{16a^4b^2} \times \sqrt{ac}$.

Or $\sqrt{16a^4b^2} = 4a^2b$, donc

$$\sqrt{16a^5b^2c} = 4a^2b\sqrt{ac}.$$

(*) On nomme valeur arithmétique d'un radical d'indice quelconque, la quantité positive qui, élevée à une puissance marquée par l'indice, reproduit la quantité placée sous le radical.

Les principes qui viennent d'être établis pour les radicaux du second degré sont également vrais pour des radicaux de même indice. Ainsi, en général

$$\sqrt[m]{a} \times \sqrt[m]{b} \times \sqrt[m]{c} = \sqrt[m]{abc}$$

$$\frac{\sqrt[m]{a}}{\sqrt[m]{b}} = \sqrt[m]{\frac{a}{b}}$$

La démonstration est tout à fait semblable à celle relative aux radicaux carrés.

On a de même

$$\sqrt{3a^2b - 5a^2b^3 + 6a^2c} = a\sqrt{3b - 5b^3 + 6c}$$

et

$$\sqrt{\frac{5a^2}{4}} = \frac{a\sqrt{5}}{2}.$$

Inversement *tout facteur placé en dehors d'un radical peut être écrit sous ce radical après avoir été au préalable élevé au carré.*

Ainsi

$$a^2\sqrt{7b^3c} = \sqrt{7a^4b^3c}$$

de même

$$\frac{a\sqrt{b}}{2} = \sqrt{\frac{a^2b}{4}}.$$

Ces transformations sont de simples applications des principes qui viennent d'être établis.

76. Lorsque l'on rencontre dans les calculs des expressions fractionnaires ayant un dénominateur irrationnel, il est bon en général de les transformer en d'autres équivalentes ayant un dénominateur rationnel. Ces transformations s'opèrent en multipliant les deux termes de l'expression par un facteur convenablement choisi. En voici quelques exemples :

1° Soit l'expression $\dfrac{a}{\sqrt{b}}$. On a en multipliant les deux termes par $\sqrt{b}$,

$$\frac{a}{\sqrt{b}} = \frac{a\sqrt{b}}{b}.$$

2° Soit l'expression $\dfrac{a}{\sqrt{b} + \sqrt{c}}$. Si l'on multiplie ses deux termes par la différence $\sqrt{b} - \sqrt{c}$, on aura

$$\frac{a}{\sqrt{b} + \sqrt{c}} = \frac{a(\sqrt{b} - \sqrt{c})}{b - c}.$$

3° On obtient de même

$$\frac{a}{\sqrt{b} - \sqrt{c}} = \frac{a(\sqrt{b} + \sqrt{c})}{b - c}.$$

4° Soit encore l'expression

$$\frac{a}{\sqrt{b} + \sqrt{c} + \sqrt{d}},$$

on a successivement

$$\frac{a}{\sqrt{b} + \sqrt{c} + \sqrt{d}} = \frac{a(\sqrt{b} + \sqrt{c} - \sqrt{d})}{(\sqrt{b} + \sqrt{c})^2 - d} = \frac{a(\sqrt{b} + \sqrt{c} - \sqrt{d})}{(b+c-d) + 2\sqrt{bc}},$$

et enfin

$$\frac{a}{\sqrt{b} + \sqrt{c} + \sqrt{d}} = \frac{a(\sqrt{b} + \sqrt{c} - \sqrt{d})\ (b+c-d - 2\sqrt{bc})}{(b+c-d)^2 - 4bc}.$$

On n'a plus qu'à simplifier le second membre de cette dernière égalité.

77. Une expression de la forme $\sqrt{a^2}$ a deux valeurs, l'une $+ a$ que nous avons nommée *valeur arithmétique*, l'autre $- a$ qui est la *valeur algébrique* du radical et provient de l'introduction en algèbre des quantités négatives. Cette double valeur appartient à tout radical carré recouvrant une quantité positive, mais si l'on considère une expression de la forme $\sqrt{- b^2}$, il est facile de voir qu'elle ne saurait représenter une quantité quelconque, car le carré de toute quantité positive ou négative est nécessairement positif.

L'expression $\sqrt{- b^2}$ ne signifie donc absolument rien relativement à la mesure des grandeurs ; on l'admet néanmoins en algèbre dans un but de généralisation et on lui donne le nom d'*expression* ou *quantité imaginaire*. Les quantités positives ou négatives prennent par opposition le nom de *quantités réelles*.

Les expressions imaginaires provenant des radicaux du second degré sont de la forme

$$a \pm \sqrt{- b^2}$$

a et b étant des quantités réelles (a peut être égal à zéro). On peut encore en remarquant que $-b^2 = b^2 \times (-1)$, convenir de regarder comme équivalentes les expressions $\sqrt{-b^2}$ et $b\sqrt{-1}$ et écrire $a \pm \sqrt{-b^2}$ sous la forme $a \pm b\sqrt{-1}$.

On applique aux quantités imaginaires les règles du calcul des quantités réelles *moyennant cette convention* que l'on regardera le carré de $\sqrt{-1}$ comme étant égal à -1.

Équations du second degré à une inconnue.

78. Lorsqu'une équation ne renferme qu'une inconnue, elle est dite du second degré dans le cas où ses termes étant rationnels et entiers par rapport à l'inconnue x, ils renferment cette inconnue à la seconde puissance sans la contenir à une puissance supérieure.

Une équation du second degré à une inconnue ne peut renfermer que trois sortes de termes : ceux qui contiennent l'inconnue à la seconde puissance, ceux qui la contiennent à la première puissance, et enfin ceux qui en sont indépendants. On peut toujours, au moyen de transformations convenablement effectuées, ramener une telle équation à la forme

$$ax^2 + bx + c = 0,$$

les coefficients a, b, c représentant des quantités quelconques, numériques ou algébriques, monomes ou polynomes.

Lorsque b et c sont différents de zéro, l'équation du second degré est dite *complète*. Elle est *incomplète* lorsque b ou c ou encore tous deux ensemble sont égaux à zéro.

On nomme *racines* d'une équation du second degré les valeurs qui, mises à la place de x dans cette équation, la vérifient.

Résolution de l'équation incomplète $ax^2 + c = 0$.

79. Soit à résoudre l'équation

$$ax^2 + c = 0.$$

On en tire en faisant passer c dans le second membre, puis divisant par a :

$$x^2 = -\frac{c}{a},$$

d'où

$$x = \pm\sqrt{-\frac{c}{a}}.$$

Lorsque $-\dfrac{c}{a}$ est une quantité positive, on a deux valeurs de x égales et de signes contraires qui vérifient l'équation proposée.

Lorsque $-\dfrac{c}{a}$ est négatif, les expressions $\pm\sqrt{-\dfrac{c}{a}}$ sont imaginaires et on les nomme encore les racines de l'équation proposée. On dira donc [que cette équation a toujours deux racines qui sont ou réelles ou imaginaires.

Résolution de l'équation incomplète $ax^2 + bx = 0$.

80. Soit à résoudre l'équation

$$ax^2 + bx = 0.$$

On peut l'écrire, en mettant x en facteur,

$$x(ax + b) = 0.$$

Or pour qu'un produit de deux facteurs soit égal à zéro, il faut et il suffit que l'un des facteurs soit lui-même égal à zéro. On aura donc les solutions de l'équation en posant

$$x = 0 \quad \text{et} \quad ax + b = 0, \quad \text{d'où} \quad x = -\frac{b}{a}.$$

L'équation admet ainsi deux racines dont l'une est égale à zéro.

Résolution de l'équation complète $ax^2 + bx + c = 0$.

81. Soit à résoudre l'équation

$$(1) \qquad ax^2 + bx + c = 0.$$

Divisant par a, il vient :

(2)
$$x^2 + \frac{b}{a}x + \frac{c}{a} = 0,$$

et faisant passer le terme $\frac{c}{a}$ dans le second membre,

$$x^2 + \frac{b}{a}x = -\frac{c}{a}.$$

Or si l'on imagine un binome ayant pour premier terme x et pour second terme le quotient de $\frac{b}{a}x$ par $2x$, c'est-à-dire $\frac{b}{2a}$, le carré de ce binome sera

$$x^2 + \frac{b}{a}x + \frac{b^2}{4a^2},$$

donc si l'on ajoute $\frac{b^2}{4a^2}$ aux deux membres de l'équation précédente il viendra :

$$\left(x + \frac{b}{2a}\right)^2 = \frac{b^2}{4a^2} - \frac{c}{a},$$

d'où extrayant les racines

$$x + \frac{b}{2a} = \pm\sqrt{\frac{b^2}{4a^2} - \frac{c}{a}},$$

et faisant passer $\frac{b}{2a}$ dans le second membre,

(3)
$$x = -\frac{b}{2a} \pm \sqrt{\frac{b^2}{4a^2} - \frac{c}{a}}.$$

Réduisant au même dénominateur et faisant ensuite sortir du radical le dénominateur $4a^2$, on a :

(4)
$$x = \frac{-b \pm \sqrt{b^2 - 4ac}}{2a}.$$

82. On peut encore résoudre l'équation

(1)
$$ax^2 + bx + c = 0$$

de la façon suivante.

Multipliant par $4a$, on a :

$$4a^2x^2 + 4abx + 4ac = 0,$$

d'où

$$4a^2x^2 + 4abx = -4ac.$$

Or, $4a^2x^2 + 4abx$ sont les deux premiers termes du carré du binome $2ax + b$; on a donc en ajoutant b^2 aux deux membres de l'équation qui précède,

$$(2ax + b)^2 = b^2 - 4ac,$$

d'où

$$2ax + b = \pm \sqrt{b^2 - 4ac}$$

et faisant passer b dans le second membre, puis divisant par $2a$,

$$(4) \qquad x = \frac{-b \pm \sqrt{b^2 - 4ac}}{2a}.$$

REMARQUE I. — Lorsque b est pair la formule (4) devient en posant $b = 2b'$

$$x = \frac{-2b' \pm \sqrt{4b'^2 - 4ac}}{2a}.$$

Divisant le numérateur et le dénominateur de la valeur de x par 2, il vient

$$(5) \qquad x = \frac{-b' \pm \sqrt{b'^2 - ac}}{a}.$$

REMARQUE II. — Si dans l'équation (2) on pose $\dfrac{b}{a} = p, \dfrac{c}{a} = q$, cette équation prend la forme

$$x^2 + px + q = 0,$$

et la formule (3) devient

$$(6) \qquad x = -\frac{p}{2} \pm \sqrt{\frac{p^2}{4} - q}.$$

Dans la pratique il est bon de se servir exclusivement des formules (4) et (5).

L'emploi de la formule (6) ne serait avantageux que dans le

cas d'une équation ayant l'unité pour coefficient de x^2 et un nombre pair pour coefficient de x, et dans ce cas même la formule (5) est aussi bonne à employer.

83. Dans la résolution de l'équation complète telle que nous venons de l'exposer, nous avons eu à extraire la racine carrée d'une différence $\dfrac{b^2}{4a^2} - \dfrac{c}{a}$ (1re méthode) ou $b^2 - 4ac$ (2e méthode). Or le résultat de cette différence peut être positif, nul ou négatif. Il convient donc d'examiner ces trois cas.

$1°$ $\dfrac{b^2}{4a^2} - \dfrac{c}{a}$ ou $(b^2 - 4ac)$ est positif. Alors les valeurs trouvées

pour x sont réelles et inégales, l'une valant $-\dfrac{b}{2a} + \sqrt{\dfrac{b^2}{4a^2} - \dfrac{c}{a}}$

et l'autre $-\dfrac{b}{2a} - \sqrt{\dfrac{b^2}{4a^2} - \dfrac{c}{a}}$.

Il y a donc deux quantités différentes, qui mises à la place de x satisfont à l'équation. — On peut le vérifier comme il suit :

$\dfrac{b^2}{4a^2} - \dfrac{c}{a}$ étant positif, c'est que l'on a $\dfrac{c}{a} < \dfrac{b^2}{4a^2}$. On peut

donc poser $\dfrac{c}{a} = \dfrac{b^2}{4a^2} - m^2$ (on désigne par m^2 une quantité essentiellement positive).

Remplaçant $\dfrac{c}{a}$ par cette valeur dans l'équation (2), on a

$$x^2 + \frac{b}{a}x + \frac{b^2}{4a^2} - m^2 = 0,$$

ou

$$\left(x + \frac{b}{2a}\right)^2 - m^2 = 0.$$

Or la différence des carrés de deux quantités est égale au produit de la différence de ces quantités par leur somme, l'équation pourra donc s'écrire :

$$\left(x + \frac{b}{2a} - m\right)\left(x + \frac{b}{2a} + m\right) = 0,$$

et elle sera vérifiée par les valeurs de x qui rendent nul le premier ou le second facteur, c'est-à-dire pour deux valeurs de x différentes dont l'une est égale à $-\dfrac{b}{2a} + m$, et l'autre, à

$$-\frac{b}{2a} - m.$$

2° $\dfrac{b^2}{4a^2} - \dfrac{c}{a}$ ou $(b^2 - 4ac) = 0$. Alors les valeurs de x se réduisent à $-\dfrac{b}{2a}$, c'est-à-dire que l'équation ne saurait être vérifiée que par une valeur de x. On dit néanmoins dans ce cas qu'il y a deux racines réelles, mais qu'elles sont égales. Le premier membre de l'équation est alors un carré parfait, car $\dfrac{b^2}{4a^2} - \dfrac{c}{a} = 0$ donne $\dfrac{c}{a} = \dfrac{b^2}{4a^2}$ et, par suite, l'équation (2) peut s'écrire

$$x^2 + \frac{b}{a} x + \frac{b^2}{4a^2} = 0,$$

ou

$$\left(x + \frac{b}{2a}\right)^2 = 0.$$

On voit sous cette forme que la valeur $x = -\dfrac{b}{2a}$ est la seule capable de rendre le premier membre égal à zéro.

3° $\dfrac{b^2}{4a^2} - \dfrac{c}{a}$ ou $(b^2 - 4ac)$ est négatif. Alors la quantité placée sous le radical dans les formules (3) et (4) étant négative, les valeurs données par la formule sont imaginaires et il n'existe aucune quantité positive ou négative qui mise à la place de x puisse vérifier l'équation proposée. On dit dans ce cas que l'équation a deux racines imaginaires. Son premier membre $x^2 + \dfrac{b}{a} x + \dfrac{c}{a}$ peut être mis sous la forme de la somme de deux carrés. En effet $\dfrac{b^2}{4a^2} - \dfrac{c}{a} < 0$ donne $\dfrac{c}{a} > \dfrac{b^2}{4a^2}$. Si l'on pose $\dfrac{c}{a} = \dfrac{b^2}{4a^2} + m^2$, l'équation (2) peut s'écrire

$$x^2 + \frac{b}{a}x + \frac{b^2}{4a^2} + m^2 = 0,$$

ou

$$\left(x + \frac{b}{2a}\right)^2 + m^2 = 0.$$

Et, sous cette forme, on voit qu'elle ne saurait être vérifiée, quelque valeur positive ou négative que l'on mette à la place de x.

84. En résumé, une équation du second degré peut être vérifiée par deux valeurs différentes de x, par une seule valeur, ou enfin peut n'être satisfaite par aucune valeur réelle de x. Dans le premier cas on dit qu'elle a deux racines réelles et inégales ; dans le second, qu'elle a deux racines réelles et égales ; enfin dans le troisième, qu'elle a deux racines imaginaires.

De cette façon on peut dire d'une manière générale que toute équation du second degré à une inconnue a deux racines.

EXEMPLES. — 1° Résoudre l'équation

$$3x^2 - 7x + 4 = 0.$$

Remplaçant dans la formule (4) a par 3, b par -7 et c par 4, on a

$$x = \frac{7 \pm \sqrt{49 - 4 \times 3 \times 4}}{6}.$$

Effectuant et nommant x', x'' les racines, on a

$$x' = \frac{4}{3} \qquad x'' = 1.$$

2° Résoudre l'équation

$$5x^2 - 12x + 7 = 0$$

Le coefficient de x étant pair, on emploie la formule (5) qui donne

$$x = \frac{6 \pm \sqrt{36 - 5 \times 7}}{5}.$$

Effectuant, on a $x' = \dfrac{7}{5}$, $x'' = 1$.

3º Résoudre l'équation

$$x^2 - 11x - 26 = 0.$$

La formule (4) donne en y faisant $a=1$, $b=-11$, $c=-26$

$$x = \frac{11 \pm \sqrt{121 + 4 \times 26}}{2}.$$

Effectuant, on a $x' = 13$, $x'' = -2$.

4º Résoudre l'équation

$$x^2 + 8x + 12 = 0.$$

On peut employer ici la formule (5) ou la formule (6) ; elles donnent l'une et l'autre :

$$x = -4 \pm \sqrt{16 - 12}.$$

Effectuant, on a $x' = -2$, $x'' = -6$.

5º Résoudre l'équation

$$x^2 - 16x + 64 = 0.$$

La formule (5) donne

$$x = 8 \pm \sqrt{64 - 64} = 8.$$

Les racines sont égales. Le premier membre de l'équation est le carré de $x - 8$.

6º Résoudre l'équation

$$7x^2 - 3x + 2 = 0.$$

La formule (4) donne

$$x = \frac{3 \pm \sqrt{9 - 4 \times 7 \times 2}}{14} = \frac{3 \pm \sqrt{-47}}{14} = \frac{3 \pm \sqrt{47}\sqrt{-1}}{14}.$$

Les racines sont ici imaginaires. Transportées dans l'équation elles la vérifient moyennant *la convention* que $(\sqrt{-1})^2 = -1$.

Relations entre les coefficients et les racines de l'équation $ax^2 + bx + c = 0$.

85. Nommant x', x'' les valeurs de x données par la formule (4), on a

$$x' = \frac{-b + \sqrt{b^2 - 4ac}}{2a},$$

$$x'' = \frac{-b - \sqrt{b^2 - 4ac}}{2a}.$$

Additionnant membre à membre il, vient

$$x' + x'' = -\frac{b}{a}.$$

De même, on trouve en multipliant l'une par l'autre ces valeurs,

$$x'x'' = \frac{c}{a}.$$

Donc la somme des racines d'une équation de la forme $ax^2 + bx + c = 0$ est égale au quotient du coefficient du terme en x par le coefficient de x^2, ce quotient étant changé de signe, et le produit des racines est égal au quotient du terme connu par le coefficient de x^2.

Dans le cas $a = 1$, la somme des racines vaut donc le coefficient du terme en x changé de signe et leur produit est égal au terme connu.

EXEMPLES. — 1° Dans l'équation $3x^2 - 5x + 2 = 0$, la somme des racines est égale à $\frac{5}{3}$ et leur produit à $\frac{2}{3}$.

2° Dans l'équation $x^2 + 7x - 9 = 0$, la somme des racines est égale à -7 et leur produit à -9.

86. Il résulte de ce qui précède qu'on peut former une équation du second degré ayant pour racines des nombres donnés en prenant l'unité pour coefficient de x^2, donnant à x pour coefficient la somme des nombres proposés prise en signe contraire, et enfin formant le terme connu avec le produit des nombres donnés.

Ainsi les deux nombres 5 et 7 dont la somme est 12 et le produit est 35 sont les racines de l'équation

$$x^2 - 12x + 35 = 0.$$

Ainsi encore, les deux nombres 5 et — 7 dont la somme est — 2 et le produit est — 35 sont les racines de l'équation

$$x^2 + 2x - 35 = 0.$$

De même si l'on connaît la somme de deux nombres, ainsi que leur produit, ces deux nombres sont les racines d'une équation du second degré formée comme on vient de le dire.

Par exemple, deux nombres ayant pour somme 11 et pour produit 18 sont les racines de l'équation

$$x^2 - 11x + 18 = 0.$$

Il suffit donc pour obtenir ces nombres de résoudre l'équation. On trouve ainsi $x' = 9$, $x'' = 2$.

87. Les relations

$$x' + x'' = -\frac{b}{a}, \qquad x'x'' = \frac{c}{a},$$

permettent de déterminer *à priori* les signes des racines d'une équation du second degré.

En effet $\frac{c}{a}$ positif indique que les racines ont le même signe, et $\frac{c}{a}$ négatif indique que les racines sont de signes contraires.

Lorsqu'on a $\frac{c}{a}$ positif, si $\frac{b}{a}$ est aussi positif, les racines sont toutes deux négatives, tandis qu'elles sont toutes deux positives dans le cas de $\frac{b}{a}$ négatif.

On peut encore remarquer que dans le cas de $\frac{c}{a}$ négatif, la racine qui est la plus grande en valeur absolue est de signe contraire à $\frac{b}{a}$.

Il est clair qu'on n'a lieu de rechercher les signes des racines que pour le cas où on les a reconnues réelles en constatant que $b^2 - 4ac$ est positif.

Dans le cas de $\dfrac{c}{c}$ négatif, on peut se dispenser de faire cette constatation, car alors a et c étant de signes contraires, $b^2 - 4ac$ est une somme de deux quantités positives, c'est-à-dire est une quantité positive.

Lorsque le terme ax^2 est positif, ou qu'on a eu soin, par un changement convenable de signes, de l'amener à être positif, il suffit de consulter le signe des coefficients b et c pour en déduire les conséquences qu'on vient d'exposer, puisqu'alors a étant positif, les signes des quantités $\dfrac{b}{a}$ et $\dfrac{c}{a}$ ne sont autres que les signes de leurs numérateurs b et c.

L'observation qui précède est évidemment applicable au cas de $a = 1$.

EXEMPLES. — 1° Les racines de l'équation $3x^2 - 11x + 2 = 0$ sont réelles, car on a $11^2 - 4 \times 3 \times 2 > 0$. Ces racines sont de même signe et leur signe commun est $+$, car leur produit $\dfrac{2}{3}$ est positif ainsi que leur somme $\dfrac{11}{3}$.

2° Les racines de l'équation $x^2 + 9x - 52 = 0$ sont réelles, car le terme indépendant 52 est négatif ; elles sont de signes contraires puisque leur produit -52 est négatif ; de plus la racine la plus grande en valeur absolue est la racine négative puisque la somme de ces racines est -9.

88. On peut résumer dans le tableau suivant les remarques qui ont été faites relativement aux racines de l'équation du second degré $ax^2 + bx + c = 0$.

$b^2 - 4ac > 0$.

Racines réelles et inégales.

$\begin{cases} \dfrac{c}{a} > 0 \text{ les racines sont de même signe et leur} \\ \qquad \text{signe commun est contraire à celui de } \dfrac{b}{a}. \\[2ex] \dfrac{c}{a} < 0 \text{ les racines sont de signes contraires :} \\ \qquad \text{la plus grande en valeur absolue est} \\ \qquad \text{de signe contraire à } \dfrac{b}{a}. \\[2ex] \dfrac{c}{a} = 0 \text{ l'une des racines} = 0,\ \text{l'autre} = -\dfrac{b}{a}. \end{cases}$

$b^2 - 4ac = 0$. Les racines sont réelles et égales. Chacune d'elles vaut $-\dfrac{b}{2a}$.

$b^2 - 4ac < 0$. Les racines sont imaginaires.

89. Cas particulier. — Proposons-nous de chercher les résultats donnés par les formules

$$x' = \frac{-b + \sqrt{b^2 - 4ac}}{2a},$$

$$x'' = \frac{-b - \sqrt{b^2 - 4ac}}{2a},$$

lorsqu'on y fait l'hypothèse $a = 0$.

Si nous supposons b positif elles prennent la forme, la première $\dfrac{0}{0}$, la seconde $\dfrac{m}{0}$.

Or en introduisant dans l'équation $ax^2 + bx + c = 0$ l'hypothèse $a = 0$, on trouve

$$bx + c = 0,$$

équation du premier degré qui n'admet plus que la solution

$$x = -\frac{c}{b}.$$

Il est donc naturel qu'une des racines ait pris la forme $\dfrac{m}{0}$ qui est le symbole de l'impossibilité. Quant à l'indétermination indiquée par la forme $\dfrac{0}{0}$ que prend l'autre racine, elle est apparente et nous allons la lever en procédant comme il suit :

Multiplions le numérateur et le dénominateur de x' par

$$-b - \sqrt{b^2 - 4ac},$$

il viendra

$$x' = \frac{b^2 - b^2 + 4ac}{2a(-b - \sqrt{b^2 - 4ac})},$$

où simplifiant et supprimant le facteur $2a$ commun aux deux termes de l'expression

$$x' = \frac{2c}{-b - \sqrt{b^2 - 4ac}},$$

valeur qui devient égale à $-\dfrac{c}{b}$ lorsqu'on suppose $a = 0$.

On voit donc que les indications données par les formules sont encore exactes lorsque l'on fait l'hypothèse $a = 0$ qui amène l'équation à n'être plus que du premier degré.

Si au lieu de supposer $a = 0$, on imagine que a étant différent de zéro aille en s'en approchant indéfiniment, l'une des racines tend à devenir égale à $-\dfrac{c}{b}$, tandis que l'autre prend des valeurs indéfiniment croissantes en valeur absolue.

REMARQUE. — Lorsque b est négatif, c'est x' qui prend la forme $\dfrac{m}{0}$ et x'' la forme $\dfrac{0}{0}$.

Propriétés du trinome $ax^2 + bx + c$.

90. L'expression $ax^2 + bx + c$ se nomme *un trinome du second degré en* x. Dans cette expression la lettre x représente *une variable*, c'est-à-dire une quantité à laquelle on peut assigner telle valeur que l'on veut.

Lorsque l'on fait varier x, le trinome prend différentes valeurs ; il est donc lui-même une quantité variable, seulement ses variations dépendent de celles de x ; on l'appelle pour cette raison *une fonction variable de* x. On donne à x le nom de *variable indépendante*.

91. Théorème I. — *Tout trinome du second degré* $ax^2 +$ bx $+$ c *est égal au produit du coefficient* a *de son premier terme par les facteurs formés en retranchant de la variable* x *les racines de l'équation que l'on obtient en égalant le trinome à zéro.*

On a identiquement

$$ax^2 + bx + c = a\left(x^2 + \frac{b}{a}x + \frac{c}{a}\right),$$

ajoutant et retranchant dans le second membre la quantité $\dfrac{b^2}{4a^2}$ qui avec les termes x et $\dfrac{b}{a}x$ constitue le carré de $x + \dfrac{b}{2a}$,

on a

$$ax^2 + bx + c = a\left[\left(x + \frac{b}{2a}\right)^2 - \frac{b^2}{4a^2} + \frac{c}{a}\right].$$

Le second membre peut s'écrire

$$a\left[\left(x + \frac{b}{2a}\right)^2 - \left(\sqrt{\frac{b^2}{4a^2} - \frac{c}{a}}\right)^2\right],$$

puis en remplaçant la différence des carrés contenus dans la grande parenthèse par un produit

$$(1)\quad a\left(x + \frac{b}{2a} - \sqrt{\frac{b^2}{4a^2} - \frac{c}{a}}\right)\left(x + \frac{b}{2a} + \sqrt{\frac{b^2}{4a^2} - \frac{c}{a}}\right).$$

Or si l'on égale le trinome à zéro, on forme l'équation

$$ax^2 + bx + c = 0,$$

dont les racines sont

$$x' = -\frac{b}{2a} + \sqrt{\frac{b^2}{4a^2} - \frac{c}{a}},$$

$$x'' = -\frac{b}{2a} - \sqrt{\frac{b^2}{4a^2} - \frac{c}{a}}.$$

On voit donc que les quantités qui accompagnent la variable x dans les parenthèses de l'expression (1) ne sont autres que les valeurs x' et x'' changées de signes, et l'on a enfin l'identité

$$ax^2 + bx + c = a\,(x - x')\,(x - x''),$$

ce qu'il fallait démontrer.

La transformation qui vient d'être opérée se nomme *la décomposition du trinome en facteurs du premier degré en* x.

Il résulte de ce qui précède que pour décomposer un trinome du second degré en facteurs du premier degré en x, on n'a qu'à égaler le trinome à zéro, à tirer de l'équation ainsi obtenue les valeurs de ses racines x' et x'', et enfin qu'à multiplier le coefficient a du premier terme par les facteurs $x - x'$ et $x - x''$.

EXEMPLES. — 1° *Décomposer le trinome*

$$3x^2 - 7x + 4.$$

Les racines de l'équation $3x^2 - 7x + 4 = 0$ sont $x' = \frac{4}{3}$ $x'' = 1$. On a donc

$$3x^2 - 7x + 4 = 3\left(x - \frac{4}{3}\right)\left(x - 1\right).$$

2° *Décomposer le trinome*
$$- 5x^2 - 8x - 3.$$

Les racines de l'équation $-5x^2 - 8x - 3 = 0$ valent $x' = -1$ $x'' = -\frac{3}{5}$, et l'on a

$$- 5x^2 - 8x - 3 = - 5\left(x + 1\right)\left(x + \frac{3}{5}\right).$$

3° *Décomposer le trinome*
$$x^2 - 11x - 26.$$

Les racines de l'équation $x^2 - 11x - 26 = 0$ sont $x = 13$, $x'' = -2$, et l'on a

$$x^2 - 11x - 26 = (x - 13)(x + 2).$$

4° *Décomposer le trinome*
$$9x^2 - 12x + 4.$$

Les racines de l'équation $9x^2 - 12x + 4 = 0$ sont égales ; elles valent chacune $\frac{2}{3}$, donc

$$9x^2 - 12x + 4 = 9\left(x - \frac{2}{3}\right)\left(x - \frac{2}{3}\right) = 9\left(x - \frac{2}{3}\right)^2.$$

5° *Décomposer le trinome*
$$x^2 - 7x + 20.$$

Les racines de l'équation $x^2 - 7x + 20 = 0$ sont imaginaires. Alors son premier membre est égal à la somme de deux carrés ou d'un carré et d'une quantité positive (83. 3°). On peut l'écrire :

$$x^2 - 7x + \frac{49}{4} + 20 - \frac{49}{4},$$

ou

$$\left(x - \frac{7}{2}\right)^2 + \frac{31}{4}.$$

On a donc dans ce cas

$$x^2 - 7x + 20 = \left(x - \frac{7}{2}\right)^2 + \frac{31}{4}.$$

Telle est la forme qu'il convient de donner alors au trinome au lieu de le remplacer par un produit de facteurs imaginaires, transformation qui n'offrirait aucune utilité.

6° *Décomposer le trinome*

$$3x^2 + 7x + 10.$$

Les racines de l'équation $3x^2 + 7x + 10 = 0$ sont imaginaires. On transforme alors le trinome comme il suit :

$$3x^2 + 7x + 10 = 3\left(x^2 + \frac{7}{3}x + \frac{10}{3}\right),$$

ajoutant et retranchant $\frac{49}{36}$, quantité qui avec les termes x^2 et

$\frac{7}{3}x$ constitue le carré du binome $x + \frac{7}{6}$, on a :

$$3x^2 + 7x + 10 = 3\left[\left(x + \frac{7}{6}\right)^2 + \frac{10}{3} - \frac{49}{36}\right],$$

et enfin en effectuant

$$3x^2 + 7x + 10 = 3\left[\left(x + \frac{7}{6}\right)^2 + \frac{71}{36}\right].$$

On verra par la suite l'utilité d'une telle transformation.

92. Remarques. — Du théorème qui précède on déduit plusieurs conséquences.

1° L'équation

$$ax^2 + bx + c = 0$$

est équivalente à l'équation

$$a\left(x + \frac{b}{2a} - \sqrt{\frac{b^2}{4a^2} - \frac{c}{a}}\right)\left(x + \frac{b}{2a} + \sqrt{\frac{b^2}{4a^2} - \frac{c}{a}}\right) = 0.$$

Laquelle ne peut être vérifiée que par les valeurs de x capables d'annuler l'un ou l'autre des facteurs entre parenthèses. Ces valeurs sont précisément celles données par la formule

$$x = -\frac{b}{2a} \pm \sqrt{\frac{b^2}{4a^2} - \frac{c}{a}}.$$

La décomposition du premier membre de l'équation complète du second degré en facteurs du premier degré en x fournit donc un procédé de résolution de cette équation et permet de reconnaître en même temps que l'équation n'a que deux racines.

2° De l'identité

$$ax^2 + bx + c = a(x - x')\,(x - x'')$$

on peut déduire les relations établies déjà (85) et qui existent entre les coefficients et les racines de l'équation $ax^2 + bx + c = o$.

En effet, si l'on effectue les calculs indiqués dans le second membre, il vient

$$ax^2 + bx + c = ax^2 - a(x' + x'')x + ax'x''.$$

Cette égalité doit être vraie pour toute valeur de x : pour $x = o$, elle donne

$$c = ax'x'', \quad \text{d'où} \quad x'x'' = \frac{c}{a}.$$

Il résulte de là que

$$bx = -a(x' + x'')x,$$

d'où

$$x' + x'' = -\frac{b}{a}.$$

3° Pour former une équation du second degré ayant pour racines des quantités données, on peut faire le produit de deux facteurs formés chacun de x moins l'une des quantités données et égaler ce produit à zéro.

Ainsi $(x - 7)\,(x + 4) = x^2 - 3x - 28$ et l'équation

$$x^2 - 3x - 28 = o$$

admet pour racines 7 et -4.

4º Enfin on peut remarquer que si une certaine quantité α est racine d'une équation du second degré, le premier membre de cette équation est divisible par $x - \alpha$, car $x - \alpha$ est facteur dans ce premier membre.

93. Théorème II. — *Le trinôme* $ax^2 + bx + c$ *est de même signe que son premier terme pour toute valeur donnée à la variable* x, *sauf le cas où l'équation* $ax^2 + bx + c = 0$ *ayant ses racines réelles et inégales, on donne à* x *des valeurs comprises entre ces racines.*

Nous distinguerons trois cas, suivant que les racines de l'équation formée en égalant le trinôme à zéro sont réelles et inégales, réelles et égales, ou imaginaires.

1° *Les racines sont réelles et inégales.* On a alors, x', x'' représentant ces racines.

$$ax^2 + bx + c = a(x - x')(x - x'').$$

Or si l'on suppose $x' > x''$, toute valeur de x supérieure à x' rendra chaque facteur positif et toute valeur de x inférieure à x'' rendra chaque facteur négatif; dans l'un et l'autre cas, les deux facteurs ayant le même signe, leur produit sera positif; par suite ce produit étant multiplié par a, donnera un résultat de même signe que a.

D'autre part, pour toute valeur de x comprise entre les racines, le facteur $x - x'$ sera négatif et le facteur $x - x''$ sera positif; le produit de ces deux facteurs sera donc négatif, et l'on obtiendra en le multipliant par a un résultat de signe contraire à a.

2° *Les racines sont réelles et égales.* Chacune d'elles vaut alors $-\dfrac{b}{2a}$ et l'on a:

$$ax^2 + bx + c = a\left(x + \frac{b}{2a}\right)^2.$$

Or $\left(x + \dfrac{b}{2a}\right)^2$ est positif, quel que soit x, donc son produit par a est toujours de même signe que a.

3° *Les racines sont imaginaires.* Alors le trinôme peut s'écrire

$$a\left[\left(x + \frac{b}{2a}\right)^2 + \frac{4ac - b^2}{4a^2}\right],$$

7

et la quantité $\dfrac{4ac - b^2}{4a^2}$ est positive, car les racines du trinôme égalé à zéro étant imaginaires, b^2 est moindre que $4ac$; on a donc

$$ax^2 + bx + c = a\left[\left(x + \frac{b}{2a}\right)^2 + \frac{4ac - b^2}{4a^2}\right].$$

L'expression renfermée dans la grande parenthèse est toujours positive, quel que soit x; donc le trinôme a toujours le même signe que a.

93 bis. Corollaire. — Il résulte du théorème qui précède, qu'étant donnée une équation du second degré $ax^2 + bx + c = 0$, ayant ses racines réelles et inégales, on peut reconnaître si une quantité donnée α est intérieure ou extérieure à ces racines.

Il suffit pour cela de remplacer dans le premier membre de l'équation l'inconnue x par la quantité α et de considérer le signe dont est affecté le résultat de la substitution. Si ce signe est contraire à celui du premier terme ax^2 de l'équation, α est comprise entre les racines ; si ce signe est le même que celui de ax^2, α est extérieure aux racines.

Pour reconnaître dans ce dernier cas si α est supérieure ou inférieure aux racines, on compare cette quantité à la demi-somme des racines $-\dfrac{b}{2a}$. Il est clair que si l'on a $\alpha > -\dfrac{b}{2a}$, α est supérieure aux racines, tandis qu'elle leur est inférieure si l'on a $\alpha < -\dfrac{b}{2a}$.

Exemple I. — Soit l'équation.

$$2x^2 - 5x + 3 = 0,$$

dont les racines sont réelles et inégales.

Le nombre $\dfrac{5}{4}$ substitué à x rend le premier membre égal à $-\dfrac{1}{8}$, quantité de signe contraire à $2x^2$: donc $\dfrac{5}{4}$ est compris entre les racines de l'équation.

Exemple II. — Soit l'équation

$$x^2 - 9x + 20 = 0,$$

dont les racines sont réelles et inégales.

Le nombre 6 substitué à x rend le premier membre égal à 2, quantité de même signe que x^2 ; de plus ce nombre 6 est supérieur à la demi-somme $\frac{9}{2}$ des racines, donc il est supérieur à l'une et à l'autre.

EXEMPLE III. — Soit l'équation

$$5x^2 - 8x + 3,$$

dont les racines sont réelles et inégales.

Le nombre $\frac{1}{2}$ substitué à x rend le premier membre égal à $\frac{1}{4}$, quantité de même signe que $5x^2$; de plus ce nombre $\frac{1}{2}$ est inférieur à la demi-somme $\frac{4}{5}$ des racines, dont il est inférieur à l'une et à l'autre.

94. Inégalités du second degré. — On nomme inégalités du second degré des expressions de la forme $ax^2 + bx + c \gtreqless 0$. La résolution de ces inégalités repose sur le théorème qui précède.

EXEMPLE I. — Résoudre l'inégalité

$$3x^2 - 5x + 2 > 0.$$

L'équation $3x^2 - 5x + 2 = 0$ a pour racines les nombres 1 et $\frac{2}{3}$, donc l'expression $3x^2 - 5x + 2$ sera de même signe que son premier terme, c'est-à-dire l'inégalité sera satisfaite, pour toute valeur de x supérieure à 1 et aussi pour toute valeur de x inférieure à $\frac{2}{3}$.

EXEMPLE II. — Résoudre l'inégalité

$$-5x^2 + 8x - 3 > 0.$$

Les racines de l'équation $-5x^2 + 8x - 3 = 0$ sont : $x' = 1$, $x'' = \frac{3}{5}$. L'expression $-5x^2 + 8x - 3$ sera donc positive, c'est-à-dire de signe contraire à son premier terme pour toute valeur de x comprise entre 1 et $\frac{3}{5}$.

EXEMPLE III. — Résoudre l'inégalité

$$3x^2 - 8x + 100 < 0.$$

L'équation $3x^2 - 8x + 100 = 0$ a ses racines imaginaires ; l'expression $3x^2 - 8x + 100$ est donc toujours de même signe que son premier terme, c'est-à-dire positive, et l'inégalité proposée n'est jamais satisfaite, quelle que soit la valeur que l'on donne à x.

Au contraire, l'inégalité $3x^2 - 8x + 100 > 0$ serait satisfaite pour toute valeur donnée à x.

Équations réductibles au second degré.

ÉQUATIONS BICARRÉES.

95. On nomme *équations bicarrées* des équations de la forme

$$ax^4 + bx^2 + c = 0 \qquad (1)$$

dans lesquelles l'inconnue entre à la seconde et à la quatrième puissance seulement. Pour résoudre une telle équation, posons $x^2 = y$; nous en déduirons $x^4 = y^2$ et l'équation deviendra

$$ay^2 + by + c = 0. \qquad (2)$$

Cette équation donne

$$y = \frac{-b \pm \sqrt{b^2 - 4ac}}{2a}.$$

Comme $y = x^2$, on a donc

$$x^2 = \frac{-b \pm \sqrt{b^2 - 4ac}}{2a}$$

et par suite

$$x = \pm \sqrt{\frac{-b \pm \sqrt{b^2 - 4ac}}{2a}}. \qquad (3)$$

On voit ainsi qu'une équation bicarrée a quatre racines égales deux à deux et de signes contraires. La somme de ces racines est donc égale à zéro. Il est aisé de reconnaître que leur produit est égal à $\dfrac{c}{a}$.

DISCUSSION. — Les quantités placées sous le grand radical dans la formule (3) ne sont autre chose que les racines de l'équation $ay^2 + by + c = 0$. Si ces racines sont réelles et positives, les quatre valeurs de x seront réelles ; si ces racines sont de signes contraires, deux des valeurs de x seront réelles et les deux autres seront imaginaires ; si ces racines sont réelles et négatives, les quatre valeurs de x seront imaginaires. Enfin si ces racines sont imaginaires, les quatre valeurs de x seront également imaginaires.

Or pour que les racines de l'équation en y soient réelles et positives, il faut que l'on ait

$$b^2 - 4ac > 0, \quad \frac{c}{a} > 0 \quad \text{et} \quad \frac{b}{a} < 0,$$

ou encore

$$b^2 - 4ac = 0 \quad \text{avec} \quad \frac{b}{a} < 0.$$

Telles sont donc les conditions moyennant lesquelles toutes les valeurs de x seront réelles.

En second lieu, les racines de l'équation en y sont réelles et de signes contraires lorsque l'on a : $\frac{c}{a} < 0.$

Donc lorsque cette condition sera remplie, deux des valeurs de x seront réelles et les deux autres valeurs seront imaginaires.

Maintenant les racines de l'équation en y sont réelles et négatives lorsque l'on a

$$b^2 - 4ac > 0, \quad \frac{c}{a} > 0, \frac{b}{a} > 0,$$

donc ces conditions amèneront pour x quatre valeurs imaginaires.

Enfin les racines de l'équation en y sont imaginaires lorsque l'on a

$$b^2 - 4ac < 0,$$

et alors les quatre valeurs de x sont également imaginaires.

Remarque. — Lorsque le terme ax^4 est positif ou qu'on l'a rendu tel au moyen d'un changement de signes convenable, les signes de $\frac{b}{a}$ et de $\frac{c}{a}$ sont ceux des numérateurs b et c, il suffit donc alors de consulter les signes de ces coefficients b et c pour se renseigner sur la nature des racines d'une équation bicarrée. — Voici alors la meilleure marche à suivre.

On examine d'abord c ; si ce coefficient est négatif, on sait immédiatement que l'équation a deux racines réelles et deux racines imaginaires. Si au contraire c est positif, on considère b : si ce coefficient est aussi positif, l'équation a toutes ses racines imaginaires. Enfin si avec c positif, on a b négatif, on forme l'expression $b^2 - 4ac$; si elle est positive ou nulle, toutes les racines sont réelles ; si elle est négative, toutes les racines sont imaginaires.

96. Transformation des expressions de la forme $\sqrt{a \pm \sqrt{b}}$. — La résolution d'une équation bicarrée conduit à des expressions de la forme $\sqrt{a \pm \sqrt{b}}$. Il est souvent utile dans le calcul de remplacer de telles expressions par d'autres équivalentes renfermant au lieu de radicaux superposés des radicaux juxtaposés. Nous allons indiquer moyennant quelle condition cette transformation peut s'opérer.

Soit une expression $\sqrt{a + \sqrt{b}}$ dans laquelle a et b sont des quantités rationnelles : nommons x et y deux quantités rationnelles telles que l'on ait

$$\sqrt{a + \sqrt{b}} = \sqrt{x} + \sqrt{y}.$$

Elevant au carré, il vient

$$a + \sqrt{b} = x + y + 2\sqrt{xy},$$

et il est clair que $\sqrt{xy}$ est une quantité irrationnelle, car s'il en était autrement, le second membre de l'égalité serait rationnel tandis que le premier membre est irrationnel.

De l'égalité qui précède, on tire

$$\sqrt{b} = x + y - a + 2\sqrt{xy}.$$

Si l'on élève au carré les deux membres en regardant $x + y - a$ comme un seul terme, on a

$$b = (x + y - a)^2 + 4(x + y - a)\sqrt{xy} + 4xy,$$

Le premier membre de cette dernière égalité est rationnel, le second doit donc l'être également, ce qui exige que le terme $4(x + y - a)\sqrt{xy}$ devienne nul.

Il faut pour cela que l'on ait

$$x + y = a. \tag{1}$$

L'égalité devient alors

$$xy = \frac{b}{4}. \tag{2}$$

Il résulte des relations (1) et (2) que x et y sont les racines d'une équation du second degré (86),

$$z^2 - az + \frac{b}{4} = 0. \tag{2}$$

Cette équation donne

$$z = \frac{a \pm \sqrt{a^2 - b}}{2}.$$

On a donc :

$$x = \frac{a + \sqrt{a^2 - b}}{2}, \quad y = \frac{a - \sqrt{a^2 - b}}{2}.$$

Pour que x et y soient des quantités rationnelles, il faut que la quantité $a^2 - b$ placée sous le radical soit carré parfait. Telle est donc la condition de possibilité de la transformation demandée.

Si l'on pose $a^2 - b = c^2$, on a

$$x = \frac{a + c}{2}, \quad y = \frac{a - c}{2}.$$

Et il vient :

$$\sqrt{a + \sqrt{b}} = \sqrt{\frac{a + c}{2}} + \sqrt{\frac{a - c}{2}}.$$

On trouverait de même

$$\sqrt{a + \sqrt{b}} = \sqrt{\frac{a + c}{2}} - \sqrt{\frac{a - c}{2}}.$$

EXEMPLES. — 1° Transformer l'expression $\sqrt{7 + \sqrt{13}}$.

Ici $a = 7$ et $b = 13$, la transformation peut donc s'effectuer, car $a^2 - b$ ou $49 - 13 = 36$ qui est un carré parfait.

On a donc $\sqrt{7 + \sqrt{13}} = \sqrt{\frac{13}{2}} + \sqrt{\frac{1}{2}}.$

2° Transformer l'expression $\sqrt{7 - 2\sqrt{10}}$.

Ayant mis cette expression sous la forme $\sqrt{7 - \sqrt{40}}$, on reconnaît que $a^2 - b$ vaut $49 - 40$ ou 9 qui est un carré parfait.

Donc $c = 3$ et l'on a $\sqrt{7 - 2\sqrt{10}} = \sqrt{5} - \sqrt{2}.$

Équations réciproques.

97. On nomme *équations réciproques* des équations qui ne changent pas lorsqu'on y remplace x par $\frac{1}{x}$ de telle sorte que si α est racine d'une de ces équations, $\frac{1}{\alpha}$ est également racine de l'équation.

La résolution de quelques équations réciproques peut,

comme on va le faire voir, être ramenée à la résolution d'équations du second degré.

Exemple I. — Résoudre l'équation

$$ax^3 + bx^2 + bx + a = 0.$$

On voit d'abord que cette équation est réciproque, car si l'on y remplace x par $\dfrac{1}{x}$, il vient

$$\frac{a}{x^3} + \frac{b}{x^2} + \frac{b}{x} + a = 0,$$

et chassant les dénominateurs, on retrouve l'équation primitive

$$ax^3 + bx^2 + bx + a = 0.$$

Cette équation peut s'écrire $a(x^3 + 1) + bx(x + 1) = 0$.

Or $x^3 + 1 = (x + 1)(x^2 - x + 1)$ ($35.4°$) : l'équation peut donc être mise encore sous la forme

$$(x + 1)[ax^2 + (b - a)x + a] = 0.$$

On aura, par suite, les valeurs de x qui la vérifient, en résolvant les équations

$$x + 1 = 0,$$
$$ax^2 + (b - a)x + a = 0.$$

La résolution de l'équation proposée est ainsi ramenée à celle de deux équations, l'une du premier, l'autre du second degré.

Exemple II. — Résoudre l'équation

$$ax^4 + bx^3 + cx^2 + bx + a = 0.$$

Pour résoudre cette équation qui est réciproque, comme il est facile de s'en assurer en remplaçant x par $\dfrac{1}{x}$, on divise par x^2. On a ainsi

$$ax^2 + bx + c + \frac{b}{x} + \frac{c}{x^2} = 0,$$

ou

$$a\left(x^2 + \frac{1}{x^2}\right) + b\left(x + \frac{1}{x}\right) + c = 0.$$

Si l'on pose $x + \dfrac{1}{x} = y$, on a

$$\left(x + \frac{1}{x}\right)^2 = y^2 \quad \text{ou} \quad x^2 + \frac{1}{x^2} + 2 = y^2,$$

donc il vient en remplaçant dans l'équation précédente :

$$a(y^2 - 2) + by + c = 0,$$

ou
$$ay^2 + by + c - 2a = 0,$$

on tire de cette équation
$$y = \frac{-b \pm \sqrt{b^2 - 4a(c - 2a)}}{2a},$$

et l'on n'a plus pour trouver les solutions de l'équation proposée qu'à résoudre les équations du second degré

$$x + \frac{1}{x} = y' \quad \text{ou} \quad x^2 - y'x + 1 = 0,$$

$$x + \frac{1}{x} = y'' \quad \text{ou} \quad x^2 - y''x + 1 = 0,$$

dans lesquelles y' et y'' représentent les deux valeurs données par l'équation en y.

Remarque. — On voit par les exemples précédents que dans les équations réciproques les coefficients des termes placés à égale distance des extrêmes sont égaux. Les coefficients égaux peuvent être de signes contraires dans les équations complètes de degré impair.

Équations binomes.

98. On nomme *équations binomes* des équations renfermant deux termes, de la forme
$$x^m \pm a = 0.$$

Soit α la racine $m^{\text{ième}}$ de a, on aura $a = \alpha^m$ et l'équation pourra s'écrire
$$x^m \pm \alpha^m = 0.$$

Posant $x = \alpha y$, on aura $x^m = \alpha^m y^m$ et l'équation deviendra
$$\alpha^m (y^m \pm 1) = 0,$$

ou enfin
$$y^m \pm 1 = 0.$$

Il suffira donc ayant résolu cette dernière équation de multiplier ses racines par α pour avoir les valeurs de x.

Nous allons donner quelques exemples de résolution d'équations binomes.

Exemple I. — Résoudre l'équation
$$x^3 - 1 = 0,$$

$x^3 - 1$ est divisible par $x - 1$ (36. 1°) et donne pour quotient

$x^2 + x + 1$. L'équation proposée est donc équivalente à la suivante :

$$(x - 1)(x^2 + x + 1) = 0,$$

dont on aura les solutions en résolvant les deux équations

$$x - 1 = 0,$$
$$x^2 + x + 1 = 0.$$

La première donne $x = 1$ et la seconde $x = \dfrac{-1 \pm \sqrt{-3}}{2}$.

L'équation $x^3 - 1 = 0$ admet donc une racine réelle et deux racines imaginaires.

Exemple II. — Résoudre l'équation

$$x^3 + 1 = 0.$$

$x^3 + 1$ est divisible par $x + 1$ (36. 4°) et donne pour quotient $x^2 - x + 1$. L'équation proposée peut donc s'écrire

$$(x + 1)(x^2 - x + 1) = 0,$$

et sa résolution se ramène à celle des équations

$$x + 1 = 0,$$
$$x^2 - x + 1 = 0.$$

La première donne $x = -1$ et la seconde $x = \dfrac{1 \pm \sqrt{-3}}{2}$.

Exemple III. — Résoudre l'équation

$$x^4 - 1 = 0.$$

On a $x^4 - 1 = (x^2 - 1)(x^2 + 1)$, l'équation peut donc s'écrire

$$(x^2 - 1)(x^2 + 1) = 0,$$

et sa résolution se ramène à celle des équations

$$x^2 - 1 = 0,$$
$$x^2 + 1 = 0.$$

La première donne $x = \pm 1$ et la seconde $x = \pm \sqrt{-1}$.

Exemple IV. — Résoudre l'équation

$$x^4 + 1 = 0.$$

On a identiquement

$$x^4 + 1 = x^4 + 2x^2 + 1 - 2x^2 = (x^2 + 1)^2 - (x\sqrt{2})^2.$$

Mais

$$(x^2 + 1)^2 - (x\sqrt{2})^2 = (x^2 + 1 - x\sqrt{2})(x^2 + 1 + x\sqrt{2}).$$

Donc l'équation proposée peut s'écrire

$$(x^2 - x\sqrt{2} + 1)(x^2 + x\sqrt{2} + 1) = 0,$$

et sa résolution est ramenée à celle des équations

$$x^2 - x\sqrt{2} + 1 = 0,$$
$$x^2 + x\sqrt{2} + 1 = 0.$$

Toutes les racines de ces équations sont imaginaires.

EXEMPLE V. — Résoudre l'équation

$$x^5 - 1 = 0.$$

On a $x^5 - 1 = (x - 1)(x^4 + x^3 + x^2 + x + 1)$, l'équation peut donc s'écrire

$$(x - 1)(x^4 + x^3 + x^2 + x + 1) = 0,$$

et l'on aura ses racines en résolvant les équations

$$x - 1 = 0,$$
$$x^4 + x^3 + x^2 + x + 1 = 0.$$

La seconde est une équation réciproque du 4ème degré que l'on sait résoudre (97. Exemple II).

EXEMPLE VI. — Résoudre l'équation

$$x^6 - 1 = 0.$$

On a $x^6 - 1 = (x^3 - 1)(x^3 + 1)$, on a donc l'équation

$$(x^3 - 1)(x^3 + 1) = 0,$$

et il suffira pour en déterminer les racines de résoudre les équations

$$x^3 - 1 = 0,$$
$$x^3 + 1 = 0.$$

Equations trinomes.

99. Les équations *trinomes* sont de la forme

$$ax^{2m} + bx^m + c = 0.$$

Pour les résoudre, on pose $x^m = y$, d'où $x^{2m} = y^2$ et il vient

$$ay^2 + by + c = 0.$$

Nommant y', y'' les racines de cette équation, il reste après les avoir obtenues à résoudre les équations binomes

$$x^m = y', \quad x^m = y''.$$

EXEMPLE. — Résoudre l'équation

$$x^6 - 19x^3 - 216 = 0.$$

Posant $x^3 = y$, on a $x^6 = y^2$ et il vient

$$y^2 - 19y - 216 = 0.$$

Résolvant cette équation, on trouve pour racines

$$y' = 27, \quad y'' = -8.$$

Donc il reste à résoudre les équations

$$x^3 = 27,$$
$$x^3 = -8.$$

Pour résoudre la première, on remarquera que la racine cubique de 27 est 3 de telle sorte qu'en posant $x = 3z$, on aura $x^3 = 27z^3$ et l'équation pourra s'écrire :

$$27z^3 = 27,$$

ou

$$z^3 - 1 = 0.$$

Les racines de cette équation sont 1 et $\dfrac{-1 \pm \sqrt{-3}}{2}$.

Donc les valeurs de x vérifiant l'équation $x^3 = 27$ sont 3 et

$$3\left(\frac{-1 \pm \sqrt{-3}}{2}\right).$$

De même pour trouver les racines de l'équation $x^3 = -8$,

comme 2 est la racine cubique de 8, la résolution de l'équation sera ramenée à celle de l'équation $u^3 + 1 = 0$, après avoir posé $x = 2u$. On aura ainsi $u = -1$ et $u = \dfrac{1 \pm \sqrt{-3}}{2}$, d'où

$$x = -2 \quad \text{et} \quad x = 2\left(\frac{1 \pm \sqrt{-3}}{2}\right).$$

En résumé l'équation du 6e degré proposée admet deux racines réelles 3 et — 2, et quatre racines imaginaires.

Remarque. — L'équation bicarrée est une équation trinome du quatrième degré.

Equations irrationnelles.

100. On nomme ainsi des équations dans lesquelles l'inconnue est engagée sous des radicaux. Les exemples qui suivent indiquent comment on résout de pareilles équations.

Exemple I. — Résoudre l'équation

$$x + \sqrt{x} = 12. \tag{1}$$

Isolant le radical, c'est-à-dire le laissant seul dans un membre, il vient

$$\sqrt{x} = 12 - x,$$

d'où élevant au carré les deux membres de l'équation,

$$x = 144 - 24x + x^2,$$

ou encore,

$$x^2 - 25x + 144 = 0.$$

On trouve en résolvant cette équation

$$x' = 16, \quad x'' = 9.$$

Si l'on transporte ces valeurs dans l'équation (1), on reconnaît que cette équation est vérifiée seulement par la seconde valeur 9. La valeur étrangère 16 provient de ce qu'en élevant au carré les deux membres de l'équation, on a obtenu une équation plus générale que la première.

Cette valeur 16 est la solution de l'équation $x - \sqrt{x} = 12$. Il est d'ailleurs aisé de voir qu'en résolvant cette dernière équation comme la proposée on obtiendrait encore $x^2 - 25x + 144 = 0$ puisque le carré de $-\sqrt{x}$ est le même que celui de $+\sqrt{x}$.

EXEMPLE II. — Résoudre l'équation

$$\sqrt{x} + \sqrt{20 - x} = 6. \qquad (1)$$

Élevant les deux membres au carré, on a

$$x + 2\sqrt{x(20 - x)} + 20 - x = 36,$$

ou

$$\sqrt{x(20 - x)} + 10 = 18.$$

Isolant le radical et élevant ensuite au carré les deux membres, il vient

$$x(20 - x) = 64,$$

ou

$$x^2 - 20x + 64 = 0.$$

Les racines de cette équation sont

$$x' = 16, \quad x'' = 4.$$

Si on les transporte dans l'équation (1), on voit qu'elles la vérifient l'une et l'autre.

REMARQUE. — Il résulte du premier des exemples qui précèdent qu'en élevant au carré les deux membres d'une équation on peut introduire des solutions étrangères. Il importe donc lorsqu'on a résolu une équation irrationnelle de vérifier si les valeurs obtenues conviennent à l'équation proposée. Pour cela on les transportera dans cette équation et on rejettera comme étrangères celles qui ne rendraient pas les deux membres identiques.

Equations à deux inconnues.

101. Soit à résoudre le système d'équations

$$(1) \quad \begin{cases} ax^2 + bxy + cy^2 + dx + ey + f = 0, \\ a'x^2 + b'xy + c'y^2 + d'x + e'y + f' = 0. \end{cases}$$

Si l'on multiplie les deux membres de la première équation par le coefficient c' de y^2 dans la seconde, et les deux membres de la seconde par le coefficient c de y^2 dans la première, puis que l'on retranche membre à membre les résultats ainsi obtenus, les termes en y^2 disparaîtront et l'on obtiendra une équation de la forme

$$mx^2 + nxy + px + qy + r = 0.$$

On en tire

$$y = \frac{-mx^2 - px - r}{nx + q}.$$

Cette valeur transportée dans l'une des équations du système (1), la première par exemple. donne une équation du 4ème degré en x de la forme

$$Ax^4 + Bx^3 + Cx^2 + Dx + E = 0.$$

Le système (1) peut alors être remplacé par le suivant :

$$\begin{cases} Ax^4 + Bx^3 + Cx^2 + Dx + E = 0, \\ a'x^2 + b'xy + c'y^2 + d'x + e'y + f' = 0. \end{cases}$$

Si l'équation du 4ème degré en x peut être résolue on en tirera les valeurs de x et l'on obtiendra ensuite les valeurs de y par substitution.

L'équation du 4ème degré en x pourra être résolue si les coefficients B et D sont nuls, car alors elle sera bicarrée. Elle pourra être également résolue si l'on a $E = A$, $D = B$, car alors elle sera réciproque.

Résolution de quelques systèmes d'équations à deux inconnues.

102. 1° Résoudre le système

$$\begin{cases} x + y = a, \\ xy = b^2. \end{cases}$$

On a déjà vu (86) que les inconnues x et y sont les racines de l'équation

$$z^2 - az + b^2 = 0.$$

On a donc

$$x = \frac{a + \sqrt{a^2 - 4b^2}}{2}, \quad y = \frac{a - \sqrt{a^2 - 4b^2}}{2}.$$

Il est clair que l'on pourrait prendre la première valeur comme étant celle de y, et la seconde comme étant celle de x. Ceci ressort d'ailleurs *à priori* de l'examen des équations proposées, lesquelles sont *symétriques* par rapport aux inconnues, c'est-à-dire ne changent pas lorsqu'on y remplace x par y et y par x.

2° Résoudre le système

$$\begin{cases} x - y = a, \\ \quad xy = b^2, \end{cases}$$

En posant $y = - y'$, le système peut s'écrire

$$\begin{cases} x + y' = a, \\ \quad xy' = - b^2. \end{cases}$$

x et y' sont donc les racines de l'équation

$$z^2 - az - b^2 = 0.$$

On a ainsi

$$x = \frac{a + \sqrt{a^2 + 4b^2}}{2}, \quad y' = \frac{a - \sqrt{a^2 + 4b^2}}{2}, \text{ d'où } y = \frac{-a + \sqrt{a^2 + 4b^2}}{2},$$

ou encore

$$x = \frac{a - \sqrt{a^2 + 4b^2}}{2}, \quad y' = \frac{a + \sqrt{a^2 + 4b^2}}{2}, \text{ d'où } y = \frac{-a - \sqrt{a^2 + 4b^2}}{2}.$$

3° Résoudre le système

$$\begin{cases} x + y = a, \\ x^2 + y^2 = b^2 \end{cases}$$

Élevant au carré les deux membres de la première équation, on a

$$x^2 + y^2 + 2xy = a^2.$$

On en tire, puisque $x^2 + y^2 = b^2$,

$$2xy = a^2 - b^2, \text{ d'où } xy = \frac{a^2 - b^2}{2}.$$

Le système proposé est alors ramené au suivant :

$$\begin{cases} x + y = a, \\ xy = \dfrac{a^2 - b^2}{2}. \end{cases}$$

x et y sont donc les racines de l'équation

$$z^2 - az + \frac{a^2 - b^2}{2} = o.$$

4° Résoudre le système

$$\begin{cases} x^2 + y^2 = a^2, \\ xy = b^2. \end{cases}$$

Si l'on multiplie les deux membres de la seconde équation par 2 et que l'on ajoute ensuite membre à membre avec la première, il vient

$$(x + y)^2 = a^2 + 2b^2,$$

d'où

$$x + y = \pm \sqrt{a^2 + 2b^2}.$$

Retranchant maintenant membre à membre, il vient

$$(x - y)^2 = a^2 - 2b^2,$$

d'où

$$x - y = \pm \sqrt{a^2 - 2b^2}.$$

Le système proposé est donc ramené à celui-ci :

$$\begin{cases} x + y = \pm \sqrt{a^2 + 2b^2}, \\ x - y = \pm \sqrt{a^2 - 2b^2}. \end{cases}$$

Ajoutant, puis retranchant membre à membre, on a en divisant par 2

$$x = \frac{1}{2} \left(\pm \sqrt{a^2 + 2b^2} \pm \sqrt{a^2 - 2b^2} \right),$$

$$y = \frac{1}{2} \left(\pm \sqrt{a^2 + 2b^2} \mp \sqrt{a^2 - 2b^2} \right).$$

On a ainsi quatre systèmes de valeurs vérifiant les équations proposées. Pour former chacun d'eux, on prend avec

8

l'une des valeurs quelconque de x la valeur de y dans laquelle les signes occupent devant les radicaux la même position. Ainsi par exemple les valeurs

$$x = \frac{1}{2}\left(+\sqrt{a^2 + 2b^2} - \sqrt{a^2 - 2b^2}\right),$$

$$y = \frac{1}{2}\left(+\sqrt{a^2 + 2b^2} + \sqrt{a^2 - 2b^2}\right),$$

forment une solution du système proposé.

On se rendra aisément compte de ce qui précède en faisant cette remarque que la somme de deux valeurs correspondantes de x et y doit être égale au premier radical $\sqrt{a^2 + 2b^2}$, et que la différence doit être égale au second $\sqrt{a^2 - 2b^2}$.

5° Résoudre le système

$$\begin{cases} x + y = a, \\ x^3 + y^3 = b^3. \end{cases}$$

Élevant au cube les deux membres de la première équation, on a

$$x^3 + 3x^2y + 3xy^2 + y^3 = a^3.$$

Retranchant membre à membre avec la seconde, il vient

$$3xy(x + y) = a^3 - b^3,$$

d'où, comme $x + y = a$,

$$xy = \frac{a^3 - b^3}{3a}.$$

Le système est donc ramené au suivant :

$$\begin{cases} x + y = a, \\ xy = \dfrac{a^3 - b^3}{3a}. \end{cases}$$

Et les valeurs de x et y sont les racines de l'équation

$$z^2 - az + \frac{a^3 - b^3}{3a} = 0.$$

6° Résoudre le système

$$\begin{cases} x^2 - y^2 = 3, \\ x^2 + y^2 - xy = 3. \end{cases}$$

De ces deux équations, on déduit

$$x^2 - y^2 = x^2 + y^2 - xy,$$

d'où

$$2y^2 - xy = 0,$$

ou encore

$$y(2y - x) = 0.$$

Cette équation est vérifiée par $y = 0$ et par $2y - x = 0$.

La valeur $y = 0$ transportée dans la première équation du système donne

$$x^2 = 3, \quad \text{d'où} \quad x = \pm \sqrt{3}.$$

L'équation $2y - x = 0$ donne $x = 2y$, d'où transportant dans la première équation du système proposé, on a

$$4y^2 - y^2 = 3 \quad \text{ou } y^2 = 1,$$

d'où

$$y = \pm 1,$$

et par suite

$$x = \pm 2.$$

Le système proposé admet donc quatre solutions, savoir

$$\begin{cases} x = \sqrt{3}, \\ y = 0, \end{cases} \quad \begin{cases} x = -\sqrt{3}, \\ y = 0, \end{cases} \quad \begin{cases} x = 2, \\ y = 1, \end{cases} \quad \begin{cases} x = -2, \\ y = -1. \end{cases}$$

REMARQUE. — Tous les systèmes qui précèdent peuvent d'ailleurs être résolus directement par la méthode de substitution.

Problèmes du second degré.

103. Problème I. — *Trouver les dimensions d'un parallélipipède rectangle sachant que leur somme est égale à 11 mètres, qu'une diagonale du solide vaut 7 mètres et que la surface d'une des bases est égale à 12 mètres carrés.*

Soient x, y, z les dimensions demandées. Comme dans un parallélipipède rectangle le carré d'une diagonale est égal à la somme des carrés des arêtes, l'énoncé du problème donne les équations

$$\begin{cases} x + y + z = 11, \\ x^2 + y^2 + z^2 = 49, \\ xy = 12. \end{cases}$$

Si dans la première on fait passer z dans le second membre et qu'on élève ensuite au carré, on a

$$x^2 + y^2 + 2xy = 121 - 22z + z^2.$$

Remplaçant $x^2 + y^2$ par $49 - z^2$ et $2xy$ par 24, il vient, réductions faites,

$$z^2 - 11z + 24 = 0,$$

équations dont les racines sont

$$z' = 8, \quad z'' = 3.$$

Il est aisé de voir que la valeur 8 est à rejeter, car le carré de 8 est 64, nombre supérieur à la somme 49 des carrés des arêtes. — Si l'on transporte la valeur 3 dans la 1re équation du système, on a

$$x + y = 8,$$

et comme d'autre part

$$xy = 12,$$

x et y sont les racines de l'équation

$$u^2 - 8u + 12 = 0.$$

Ces racines valent 6 et 2. Les dimensions demandées ont donc pour valeurs : 6 mètres, 2 mètres et 3 mètres.

104. Problème II. — *Partager une droite* AB *en moyenne et extrême raison, c'est-à-dire trouver sur cette droite un point dont la distance au point* A *soit moyenne proportionnelle entre sa distance au point* B *et la longueur* AB.

Soit M le point demandé (*fig.* 3). Nommons x la distance AM et a la longueur AB : nous avons l'équation

Fig. 3.

$$x^2 = (a - x)a \quad (1)$$

ou

$$x^2 + ax - a^2 = 0.$$

Résolvant, il vient

$$x = \frac{a}{2}(-1 \pm \sqrt{5}).$$

Il est évident que la valeur positive $\dfrac{a}{2}(-1+\sqrt{5})$ convient seule à la question proposée. Mais si l'on change x en $-x$ dans l'équation (1), cette équation devient

$$x^2 = (a+x)a \qquad (2)$$

et elle admet pour racines celles de l'équation (1) changées de signes. Or, on voit aisément que l'équation (2) répond à l'énoncé suivant :

Trouver sur la ligne AB prolongée à gauche du point A un point dont la distance au point A soit moyenne proportionnelle entre sa distance au point B et la longueur AB.

Ce nouvel énoncé n'admet d'ailleurs pour solution que la racine positive de l'équation (2), laquelle n'est autre que la racine négative de l'équation (1) changée de signe.

Il résulte de là que si l'on substitue à l'énoncé du problème proposé, l'énoncé plus général :

Trouver sur une droite indéfinie sur laquelle sont donnés deux points A et B distants d'une longueur a, un point tel que sa distance au point A soit moyenne proportionnelle entre sa distance au point B et la longueur AB, les solutions de l'équation (1) conviendront toutes deux et donneront deux points répondant à la question et situés, l'un à droite (solution positive), l'autre à gauche (solution négative) du point A.

Ainsi lorsque l'équation d'un problème admet plus de solutions que l'énoncé n'en comporte, il peut arriver que toutes ces solutions conviennent à une question générale dont la proposée n'est qu'un cas particulier.

Cette circonstance ne se présente d'ailleurs pas toujours comme on le verra dans le problème suivant.

REMARQUES. — Si, traitant la question qui précède généralisée, on prenait comme inconnue la distance du point cherché au point B, on obtiendrait deux solutions positives, l'une moindre que AB, l'autre supérieure à AB donnant les deux points répondant à la question.

Si l'on avait mis le problème en équation en supposant un point répondant à la question situé à droite du point B, ce qui *à priori* ne saurait être, on aurait trouvé des racines imaginaires. Ceci montre qu'une fausse hypothèse faite sur le sens dans lequel on doit compter une inconnue n'est pas toujours indiquée par une solution négative.

105. Problème III. — *Couper une sphère par un plan de telle sorte que le volume du segment ainsi déterminé soit équivalent au volume d'un cône ayant pour sommet le centre de la sphère et pour base la base du segment.*

Supposons le problème résolu et soit AB (*fig.* 4) le plan demandé. Nommons x la distance OD, R le rayon de la sphère et y le rayon DB de la section.

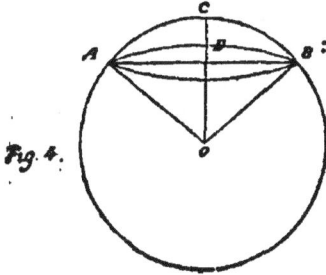

Pour mettre le problème en équation, il est clair qu'il suffira d'écrire que le volume du secteur sphérique OACB est équivalent au double du volume du cône AOB.

Fig. 4.

Or volume secteur $OACB = \frac{2}{3} \pi R^2 \times CD = \frac{2}{3} \pi R^2 (R - x)$,

et volume cône $AOB = \frac{1}{3} \pi y^2 x$.

On a donc l'équation

$$\frac{2}{3} \pi R^2 (R - x) = \frac{2}{3} \pi y^2 x$$

ou

$$R^2 (R - x) = y^2 x.$$

Or dans le triangle rectangle OBD, on a

$$y^2 = R^2 - x^2.$$

Transportant cette valeur de y dans l'équation précédente il vient

$$R^2 (R - x) = (R^2 - x^2) x,$$

ou bien

$$R^2 (R - x) = (R - x)(R + x) x,$$

ou encore

$$(R - x)(x^2 + Rx - R^2) = 0.$$

On aura les solutions de cette équation en cherchant les valeurs de x qui satisfont aux équations suivantes :

$$R - x = 0,$$
$$x^2 + Rx - R^2 = 0.$$

La première donne

$$x = \mathrm{R},$$

la seconde

$$x = \frac{\mathrm{R}}{2}\left(-1 \pm \sqrt{5}\right).$$

De ces trois solutions une seule $x = \frac{\mathrm{R}}{2}(-1+\sqrt{5})$ convient, car

$x = \mathrm{R}$ ne donne ni segment ni cône, et $x = \frac{\mathrm{R}}{2}(-1-\sqrt{5})$ est une valeur négative plus grande que R en valeur absolue et n'étant par conséquent susceptible d'aucune interprétation.

La distance demandée est donc $\frac{\mathrm{R}}{2}(-1+\sqrt{5})$. On peut remarquer qu'elle est égale au plus grand segment du rayon partagé en moyenne et extrême raison.

106. Problème IV. — *Trouver sur la droite qui joint deux lumières un point également éclairé.*

Supposons les deux lumières placées en A et en B sur la droite XY (*fig. 5*); soient *a* et *b* leurs intensités respectives,

Fig. 5.

c'est-à-dire les quantités de lumière qu'elles envoient à l'unité de distance. Représentons par *d* la distance AB et par *x* la distance du point cherché M au point A.

La quantité de lumière reçue par un point est inversement proportionnelle au carré de la distance de ce point à la source de lumière ; le point M recevra donc de la lumière placée en A une quantité de lumière égale à $\frac{a}{x^2}$, et de la lumière placée en B une quantité égale à $\frac{b}{(d-x)^2}$. On aura par suite pour l'équation du problème proposé

$$\frac{a}{x^2} = \frac{b}{(d-x)^2}, \qquad (1)$$

d'où successivement

$$\frac{\sqrt{a}}{x} = \frac{\pm\sqrt{b}}{d-x},$$

$$d\sqrt{a} - x\sqrt{a} = \pm x\sqrt{b},$$

$$x = \frac{d\sqrt{a}}{\sqrt{a} \pm \sqrt{b}}.$$

Séparant les racines, on a

$$x' = \frac{d\sqrt{a}}{\sqrt{a} + \sqrt{b}},$$

$$x'' = \frac{d\sqrt{a}}{\sqrt{a} - \sqrt{b}}.$$

DISCUSSION. — 1° Supposons $a > b$: alors on a $\sqrt{a} > \sqrt{b}$ et les deux valeurs de x sont positives. La première x' est moindre que d, la seconde est plus grande que d. Il existe donc dans ce cas sur la droite XY deux points également éclairés situés, l'un M entre les deux lumières, l'autre M' au delà de la moins intense par rapport à la plus intense.

2° Soit maintenant $a < b$: on a alors $\sqrt{a} < \sqrt{b}$ et les deux valeurs de x sont l'une (x') positive, l'autre (x'') négative. La valeur positive indique encore l'existence d'un point également éclairé situé entre A et B. Quant à la valeur négative, prise en valeur absolue, elle donne la distance au point A d'un second point également éclairé situé à gauche du point A.

Pour justifier cette interprétation, remettons le problème en équation en supposant qu'il existe en M'' à gauche du point A un point également éclairé par les deux lumières. En nommant x la distance AM'', nous aurons

$$\frac{a}{x^2} = \frac{b}{(d + x)^2}.$$

Or cette équation ne diffère de l'équation (1) que par le changement de signe de l'inconnue x. Elle admettra donc pour racines les racines de l'équation (1) changées de signe, et par suite la valeur négative x'' de cette équation (1) prise positivement donnera la distance au point A d'un point M'' également éclairé par les deux lumières.

5° Soit enfin $a = b$. Dans ce cas x' devient égal à $\dfrac{d}{2}$ et x'' prend la forme $\dfrac{m}{0}$. Il existe donc un seul point également éclairé et ce point est situé au milieu de la droite AB, ce qu'il était facile de prévoir. On peut dire qu'il existe un autre point également éclairé situé à une distance du point A infiniment grande, car si l'on suppose que b étant différent de a, sa valeur aille sans cesse en se rapprochant de celle de a, on obtiendra pour x'' des valeurs indéfiniment croissantes qui indiquent que le second point répondant à la question s'éloigne indéfiniment du point A lorsque b tend à devenir égal à a.

107. Problème V. — *Étant donnée une demi-circonférence* (fig. 6), *mener par l'une des extrémités A du diamètre AB une*

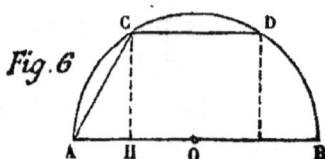
Fig.6

corde AC et par le point C une seconde corde CD parallèle à AB de telle sorte que l'on ait $\overline{AC}^2 + \overline{CD}^2$ *= m², m² étant un carré donné.*

Supposons le problème résolu ; abaissons CH perpendiculaire sur AB et prenons pour inconnue la distance AH.

Si nous nommons x cette distance, et R le rayon du cercle, nous aurons

$$\overline{AC}^2 = 2Rx, \quad \overline{CD}^2 = 4(R - x)^2.$$

L'équation du problème sera donc

$$2Rx + 4(R - x)^2 = m^2,$$

ou effectuant et ramenant à la forme ordinaire,

$$4x^2 - 6Rx + 4R^2 - m^2 = 0.$$

Cette équation donne

$$x = \frac{3R \pm \sqrt{4m^2 - 7R^2}}{4}.$$

DISCUSSION. — Pour que les valeurs de x soient acceptables, il faut qu'elles soient réelles, positives, et au plus égales à 2R puisqu'elles représentent des longueurs prises à partir du point A sur le diamètre AB.

La condition de réalité est $4m^2 - 7R^2 \geqslant 0$, d'où l'on tire

$$m^2 \geqslant \frac{7R^2}{4}.$$

Cette condition étant supposée remplie, nous remarquerons que le produit des racines est égal à $\dfrac{4R^2 - m^2}{4}$; si donc on a $m^2 < 4R^2$, les racines seront de même signe et d'ailleurs positives l'une et l'autre, puisque leur somme $\dfrac{3R}{2}$ est positive. Dans ce cas, il est clair que chacune d'elles est inférieure à $2R$ et par suite acceptable. Il y a donc deux solutions du problème, m^2 variant de $4R^2$ à $\dfrac{7R^2}{4}$.

Si maintenant on a $m^2 > 4R^2$, le produit des racines est négatif et elles sont de signes contraires. La racine négative est à rejeter; quant à la positive, elle doit, pour être acceptable, être au plus égale à $2R$. Or si l'on remplace x par $2R$ dans le premier nombre de l'équation $4x^2 - 6Rx + 4R^2 - m^2 = 0$, le résultat de la substitution est $8R^2 - m^2$. Pour $m^2 < 8R^2$, ce résultat est de même signe que le premier terme $4x^2$ de l'équation, donc $2R$ est une quantité extérieure aux racines (93 *bis*) et elle est alors supérieure à l'une et l'autre, puisque l'une d'elles est négative. Donc pour $m^2 < 8R^2$, la racine positive est acceptable et donne une solution du problème. Pour $m^2 > 8R^2$, il n'y a pas de solution, car alors $8R^2 - m^2$ est de signe contraire à $4x^2$ et $2R$ étant alors compris entre les racines, la positive est à rejeter comme supérieure à $2R$.

En résumé, le problème n'est possible que pour des valeurs de m^2 variant de $8R^2$ à $\dfrac{7R^2}{4}$. Il admet une solution, m^2 variant de $8R^2$ à $4R^2$ et deux solutions m^2 variant de $4R^2$ à $\dfrac{7R^2}{4}$.

Pour $m^2 = 8R^2$, $x' = 2R$.

$$m^2 = 4R^2, \; x' = \frac{3R}{2} \text{ et } x'' = 0.$$

$$m^2 = \frac{7R^2}{4}, \; x' = x'' = \frac{3R}{4}.$$

Ainsi, x variant de 0 à $2R$, la somme $\overline{AC}^2 + \overline{CD}^2$, d'abord égale à $4R^2$, décroît jusqu'à $\dfrac{7R^2}{4}$ pour croître ensuite de $\dfrac{7R^2}{4}$

à 8R²; elle passe donc deux fois par une même valeur comprise entre $4R^2$ et $\dfrac{7R^2}{4}$ et une seule fois par une valeur comprise entre $4R^2$ et 8R².

Ces résultats peuvent aisément se vérifier sur la figure.

REMARQUES. — Nous avons dit que x pouvait prendre toutes les valeurs de o à 2 R : lorsque l'on a $x > R$, les cordes AC, CD prennent la position indiquée dans la figure 7 et CD $= 2(x-R)$,

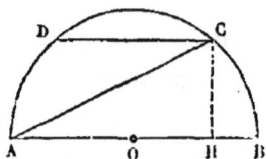

mais l'équation reste la même, puisque la quantité CD y entre au carré.

Si l'on avait pris pour inconnue la distance OH du centre au pied de la perpendiculaire CH, les valeurs de x auraient pu être positives ou négatives, les premières se comptant de O vers A par exemple, et les secondes de O vers B, ces valeurs ne pouvant être plus grandes que R ou moindres que — R. On peut traiter le problème de cette façon et l'on retrouvera toutes les circonstances de la discussion qui précède.

107 bis. **Problème VI.** — *Étant donné le demi-cercle de rayon R terminé par le diamètre AB, mener le rayon OC de telle sorte que l'on fait tourner la figure autour de AB, la somme des surfaces engendrées par l'arc BC et par le rayon OC soit égale à la surface d'un cercle de rayon donné* a.

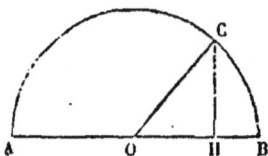

Projetons OC sur AB et prenons pour inconnue x la distance BH. On a

$$\text{Surf. BC} = 2\pi Rx,$$

$$\text{Surf. OC} = \pi R \sqrt{x(2R - x)},$$

L'équation du problème est donc

$$2\pi Rx + \pi R \sqrt{x(2R - x)} = \pi a^2,$$

ou

$$2Rx + R \sqrt{x(2R - x)} = a^2. \tag{1}$$

Les deux membres étant élevés au carré après que l'on a fait passer le terme $2Rx$ dans le second membre pour isoler le radical, il vient, calculs et transpositions effectués :

$$5R^2x^2 - 2R(2a^2 + R^2)x + a^4 = 0, \qquad (2)$$

d'où l'on tire

$$x = \frac{2a^2 + R^2 \pm \sqrt{-a^4 + 4a^2R^2 + R^4}}{5R}.$$

Discussion. — Les valeurs de x, pour être acceptables, doivent être réelles, positives et au plus égales à $2R$. De plus, il résulte de l'équation (1) qu'elles doivent être au plus égales à $\dfrac{a^2}{2R}$.

La condition de réalité est

$$a^4 - 4R^2a^2 - R^4 \leqslant 0.$$

En égalant le trinôme à zéro, on trouve pour racines, a^2 étant regardée comme la variable :

$$R^2(2 + \sqrt{5}) \quad \text{et} \quad R^2(2 - \sqrt{5}).$$

Donc comme a^2 est une quantité essentiellement positive, elle ne pourra varier que de zéro à $R^2(2 + \sqrt{5})$.

Ainsi la condition de réalité est

$$a^2 \leqslant R^2(2 + \sqrt{5}).$$

Les valeurs de x sont positives : en effet, leur produit $\dfrac{a^4}{5R^2}$ et leur somme $\dfrac{2(2a^2 + R^2)}{5R}$ sont des quantités positives.

Ces valeurs ne sauraient d'ailleurs l'une ou l'autre dépasser $2R$, puisqu'elles doivent vérifier l'équation (1).

Enfin chaque racine doit être moindre que $\dfrac{a^2}{2R}$ ou être au plus égale à cette quantité. Remplaçons x par $\dfrac{a^2}{2R}$ dans le premier membre de l'équation (2), il vient

$$a^2(a^2 - 4R^2).$$

Pour $a^2 > 4R^2$, ce résultat est de même signe que le premier terme de l'équation $5R^2 x^2$ (2) et alors la quantité $\dfrac{a^2}{2R}$ est extérieure aux racines. Or dans le cas actuel $\dfrac{a^2}{2R}$ est supérieure à la demi-somme $\dfrac{2a^2 + R^2}{5R}$ des racines : donc celles-ci sont inférieures à $\dfrac{a^2}{2R}$ (93 *bis*) et par suite acceptables.

Pour $a^2 < 4R^2$, le résultat $a^2(a^2 - 4R^2)$ de la substitution de $\dfrac{a^2}{2R}$ à x est de signe contraire au premier terme de l'équation (2), donc alors $\dfrac{a^2}{2R}$ est comprise entre les racines, de sorte que la plus petite de celles-ci est seule acceptable.

En résumé, le problème est possible, a^2 variant de 0 à $R^2(2 + \sqrt{5})$. Lorsque a^2 varie de 0 à $4R^2$, on a une seule solution donnée par la plus petite racine (x'') et lorsque a^2 varie de $4R^2$ à $R^2(2 + \sqrt{5})$, on a deux solutions.

Pour $a^2 = 0$, $x'' = 0$.

$$a^2 = 4R^2, \quad x' = 2R \text{ et } x'' = \frac{8R}{5}.$$

$$a^2 = R^2(2 + \sqrt{5}), \quad x' = x'' = \frac{R(5 + \sqrt{5})}{5}.$$

Ainsi x variant de 0 à $2R$, la somme des surfaces engendrées par BC et OC, d'abord égale à zéro, croît jusqu'à $R^2(2 + \sqrt{5})$ pour décroître ensuite de cette dernière valeur à $4R^2$. Elle passe donc une seule fois par une valeur comprise entre 0 et $4R^2$ et deux fois par une même valeur comprise entre $4R^2$ et $R^2(2 + \sqrt{5})$.

REMARQUE. — L'équation (2) a été obtenue en élevant au carré les deux membres de l'équation (1) : il en résulte qu'elle renferme les solutions de l'équation

$$2\pi R x - \pi R \sqrt{x(2R - x)} = \pi a^2.$$

Ces solutions, étrangères au problème proposé, ont été écartées dans la discussion qui précède, lorsque l'on a posé la condition que les valeurs de x devaient être inférieures ou au plus égales à $\dfrac{a^2}{2R}$.

107 *ter.* **Problème VII.** — *Étant donné un demi-cercle de rayon R, trouver sur le diamètre* AB *un point* P *tel que si l'on élève* PM *perpendiculaire sur* AB, *on ait* AP + PM = *l*, *l étant une quantité donnée.*

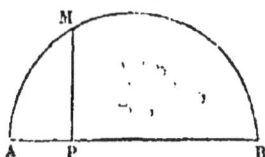

Soient

$$AP = x, \ PM = y.$$

On a les équations

(1) $$x + y = l,$$
(2) $$y^2 = x(2R - x).$$

Tirant de l'équation (1) $y = l - x$ et transportant cette valeur dans l'équation (2), il vient, calculs et transpositions effectués,

$$2x^2 - 2(l + R)x + l^2 = 0, \qquad (3)$$

d'où

$$x = \frac{l + R \pm \sqrt{-l^2 + 2Rl + R^2}}{2}.$$

Substituant dans l'équation $y = l - x$, il vient

$$y = \frac{l - R \mp \sqrt{-l^2 + 2Rl + R^2}}{2}.$$

On obtient ainsi deux systèmes de valeurs de x et y vérifiant les équations (1) et (2).

DISCUSSION. — Pour que le problème soit possible, il faut que les valeurs obtenues pour x et y soient réelles, positives, au plus égales à $2R$ pour x et à R pour y.

La condition de réalité est

$$l^2 - 2Rl - R^2 \leqslant 0.$$

Les racines du trinôme égalé à zéro sont

$$R\left(1 + \sqrt{2}\right) \quad \text{et} \quad R\left(1 - \sqrt{2}\right);$$

donc, comme l est une quantité essentiellement positive, elle ne peut varier pour la réalité des valeurs de x et y, que de 0 à $R\left(1 + \sqrt{2}\right)$.

Le produit $\dfrac{l^2}{2}$ et la somme $l + R$ des racines de l'équation (3) sont positifs ; donc les valeurs de x sont toutes deux positives. Il en sera de même des valeurs de y pourvu que l'on ait $x < l$, puisque $y = l - x$.

Remplaçons x par l dans l'équation (3), il vient

$$l(l - 2R),$$

et deux cas sont à considérer.

1° $l > 2R$; alors le résultat de la substitution est de même signe que le premier terme de l'équation (3) et alors l est une quantité extérieure aux racines. Or, puisque l'on suppose $l > 2R$, on a aussi $l > \dfrac{l + R}{2}$, c'est-à-dire plus grande que la demi-somme des racines ; donc celles-ci sont l'une et l'autre inférieures à l (93 *bis*).

2° $l < 2R$; alors le résultat de la substitution est de signe contraire au premier terme de l'équation (3) et l est comprise entre les racines : la plus petite (x'') est donc seule moindre que l.

D'ailleurs chaque valeur de x ne saurait dépasser $2R$ et les valeurs de y ne sont pas supérieures à R, puisque ces valeurs de x et y doivent satisfaire à l'équation (2).

En résumé donc, l peut varier de 0 à $R\left(1 + \sqrt{2}\right)$: l variant de 0 à $2R$, le problème n'admet qu'une solution donnée par x'' et la valeur correspondante de y ; l variant de $2R$ à $R\left(1 + \sqrt{2}\right)$, le problème admet deux solutions.

Pour $l = 0$, on a $x'' = 0$, $y'' = 0$.

$$l = 2\mathrm{R} \begin{cases} x' = 2\mathrm{R} \\ y' = 0 \end{cases} \text{et} \begin{cases} x'' = \mathrm{R}, \\ y'' = \mathrm{R}. \end{cases}$$

$$l = \mathrm{R}\left(1 + \sqrt{2}\right) \begin{cases} x' = x'' = \dfrac{\mathrm{R}\left(2 + \sqrt{2}\right)}{2}. \\ y' = y'' = \dfrac{\mathrm{R}\sqrt{2}}{2}. \end{cases}$$

Ainsi le point P occupant sur AB toutes les positions en allant de A vers B, la somme $AP + MP$ d'abord égale à zéro, croît jusqu'à 2R, valeur qu'elle prend lorsque le point P est au centre du cercle, puis continue de croître jusqu'à $\mathrm{R}\left(1 + \sqrt{2}\right)$ pour décroître ensuite jusqu'à 2R, valeur qu'elle reprend lorsque le point P est en B. Cette somme passe ainsi une fois par une valeur comprise entre 0 et 2R et deux fois par une même valeur comprise entre 2R et $\mathrm{R}\left(1 + \sqrt{2}\right)$.

REMARQUE. — Le problème aurait pu être mis en équation avec une seule inconnue $AP = x$,
On aurait eu alors

$$x + \sqrt{x(2\mathrm{R} - x)} = l,$$

équation irrationnelle dont la discussion eût été conduite en exprimant comme ci-dessus que les valeurs de x doivent être réelles, positives, au plus égales à 2R et aussi au plus égales à l.

Questions de maximum et de minimum.

108. Définitions. — Lorsqu'une expression algébrique renferme une variable x, et que l'on donne à cette variable différentes valeurs très-rapprochées les unes des autres et allant, soit en augmentant, soit en diminuant, l'expression *qui est dite fonction de la variable* passe par différents états de grandeur et il peut arriver qu'elle prenne les valeurs tantôt croissantes, tantôt décroissantes. Si cette circonstance se présente, chaque fois que la fonction cesse de croître pour décroître ensuite, on dit qu'elle passe par un *maximum* ; chaque fois, au contraire, que la fonction cesse de décroître pour croître ensuite, on dit qu'elle passe par un *minimum*.

Le maximum d'une fonction n'est donc pas nécessairement la plus grande des valeurs que la fonction peut prendre, non plus que le minimum n'en est forcément la plus petite. Une valeur maximum d'une fonction variable de x est caractérisée par ce fait qu'elle est plus grande que toutes les valeurs de la fonction qui la précèdent et la suivent immédiatement lorsque l'on fait varier x à des intervalles très-rapprochés. De même une valeur minimum est inférieure aux valeurs qui la précèdent et la suivent immédiatement.

Nous n'avons pas à traiter ici d'une manière générale la recherche des valeurs maximum et minimum d'une fonction variable. Les seules questions dont nous nous occuperons sont celles qui peuvent être résolues au moyen des équations du second degré ou de celles qui s'y ramènent.

109. En général, pour trouver la valeur maximum ou minimum d'une fonction variable de x, on égale la fonction à une indéterminée m et l'on cherche les racines de l'équation en x ainsi formée. On cherche ensuite la condition de réalité des racines de cette équation et l'on en déduit les limites entre lesquelles peut varier m, c'est-à-dire la fonction, ce qui permet de déterminer les valeurs maximum et minimum cherchées.

Lorsque l'expression proposée renferme des facteurs indépendants de la variable x, on les supprime au préalable, car il est clair qu'ils ne sauraient avoir d'influence sur les valeurs de la variable capable de rendre l'expression maximum ou minimum.

110. Problème I. — *Trouver le maximum et le minimum de la fonction*

$$ax^2 + bx + c.$$

Soit m une des valeurs quelconques de la fonction, on a

$$ax^2 + bx + c = m,$$

ou

$$ax^2 + bx + c - m = 0.$$

On en tire

$$x = \frac{-b \pm \sqrt{b^2 - 4ac + 4am}}{2a}.$$

9

La variable x ne peut prendre que des valeurs réelles, on doit donc avoir

$$b^2 - 4ac + 4am \geqslant o.$$

On tire de là, si a est positif,

$$m \geqslant \frac{4ac - b^2}{4a},$$

et si a est négatif,

$$m \leqslant \frac{4ac - b^2}{4a}.$$

Dans le premier cas, on voit que m, c'est-à-dire une valeur quelconque de la fonction, est supérieure ou égale à $\dfrac{4ac - b^2}{4a}$.

Le minimum est donc $\dfrac{4ac - b^2}{4a}$ et la fonction n'a pas de maximum.

Dans le second cas, on trouve un maximum $\dfrac{4ac - b^2}{4a}$ et il n'y a pas de minimum.

Dans l'un et l'autre cas, la valeur de la variable x pour laquelle l'expression est maximum ou minimum est $-\dfrac{b}{2a}$, car pour $m = \dfrac{4ac - b^2}{4a}$ le radical de la valeur de x disparaît.

APPLICATIONS. — 1° *Trouver le minimum de l'expression* $3x^2 - 5x + 4$.

Posons

$$3x^2 - 5x + 4 = m,$$

ou

$$3x^2 - 5x + 4 - m = o.$$

Cette équation donne

$$x = \frac{5 \pm \sqrt{12m - 23}}{6}.$$

La condition de réalité des valeurs de x est donc

$$12m - 23 \geqslant o,$$

d'où

$$m \geqslant \frac{23}{12}.$$

Le minimum de l'expression proposée est donc $\frac{23}{12}$. En donnant à m cette valeur, on trouve $x = \frac{5}{6}$.

2° *Trouver le maximum de l'expression* $- 2x^2 + 5x - 3$. Posons

$$- 2x^2 + 5x - 3 = m,$$

ou

$$2x^2 - 5x + 3 + m = 0.$$

On tire de là

$$x = \frac{5 \pm \sqrt{1 - 8m}}{4}.$$

Pour que x soit réel, il faut que l'on ait

$$1 - 8m \geqslant 0,$$

d'où

$$m \leqslant \frac{1}{8}.$$

L'expression a donc pour maximum $\frac{1}{8}$. Si l'on remplace m par $\frac{1}{8}$ dans la formule qui donne x, on trouve $x = \frac{5}{4}$.

111. Problème II. — *Trouver le maximum et le minimum de la fonction*

$$\frac{ax^2 + bx + c}{a'x^2 + b'x + c'}.$$

Soit m une valeur quelconque de la fonction, on a

$$\frac{ax^2 + bx + c}{a'x^2 + b'x + c'} = m,$$

d'où

$$(a - ma')x^2 + (b - mb')x + c - mc' = 0,$$

équation qui donne

$$x = \frac{mb' - b \pm \sqrt{(b - mb')^2 - 4(a - ma')(c - mc')}}{2(a - ma')}.$$

Effectuant sous le radical et ordonnant par rapport à m, il vient

$$x = \frac{mb' - b \pm \sqrt{(b'^2 - 4a'c')m^2 + 2(2ac' + 2ca' - bb')m + b^2 - 4ac}}{2(a - ma')},$$

ou encore en posant $b'^2 - 4a'c' = A$, $2(2ac' + 2ca' - bb') = B$, $b^2 - 4ac = C$,

$$x = \frac{mb' - b \pm \sqrt{Am^2 + Bm + C}}{2(a - ma')}.$$

La condition de réalité des valeurs de x est

$$Am^2 + Bm + C \geqslant 0. \tag{2}$$

Or on a vu (93) qu'une expression de la forme $Am^2 + Bm + C$ dans laquelle m représente une variable est de même signe que son premier terme pour toute valeur donnée à la variable, sauf pour le cas où les racines de l'équation formée en égalant l'expression à zéro étant réelles et inégales, on donne à la variable une valeur comprise entre les racines. Il conviendra donc pour chercher les valeurs que peut prendre m d'égaler d'abord à zéro l'expression $Am^2 + Bm + C$ et de chercher les racines de l'équation

$$Am^2 + Bm + C = 0. \tag{3}$$

Trois cas peuvent ici se présenter.

1° *Les racines de l'équation* (3) *sont réelles et inégales.*

Alors si A est positif, m ne peut prendre que des valeurs supérieures à la plus grande des racines m' et des valeurs inférieures à la plus petite m'' et peut d'ailleurs prendre aussi les valeurs m' et m''. Dans ce cas, m' est le minimum et m'' le maximum de la fonction proposée. On voit ainsi que ces valeurs ne sont pas la plus petite et la plus grande des valeurs que peut prendre la fonction. On les nomme pour cette raison minimum et maximum *relatifs*.

Si A est négatif, m ne peut prendre que les valeurs m', m'' et toutes celles comprises entre ces deux quantités. Le maximum est donc la plus grande racine et le minimum la plus petite racine de l'équation (3). Ici ces valeurs sont l'une la plus grande, l'autre la plus petite de celles que peut prendre la fonction proposée. On les nomme maximum et minimum *absolus*.

2° *Les racines de l'équation* (3) *sont réelles et égales.*

Alors A étant positif, la condition (2) est remplie pour toute valeur donnée à m : il n'existe donc pas dans ce cas de maximum et de minimum pour la fonction proposée.

D'ailleurs, dans ce cas, A ne saurait être négatif lorsqu'il s'agit d'une fonction variable. En effet, avec A négatif et les racines de l'équation (3) réelles et égales, la condition de réalité (2) ne serait remplie que pour *une valeur unique de* m (valeur égale aux racines) et la fonction proposée ne serait pas alors réellement variable.

3° *Les racines de l'équation* (3) *sont imaginaires.*

A étant positif, la condition (2) est remplie quel que soit m et la fonction n'est susceptible ni d'un maximum ni d'un minimum.

L'hypothèse $A < 0$ avec les racines de l'équation (3) imaginaires est inadmissible, car elle entraînerait cette conséquence absurde que toute valeur de la fonction proposée correspondrait à une valeur imaginaire de la variable x.

S'il arrive que $A = 0$, la quantité placée sous le radical dans la valeur de x se réduit à $Bm + C$ et la condition de réalité devient

$$Bm + C \geqslant 0.$$

On en tire, si B est positif,

$$m \geqslant -\frac{C}{B},$$

et si B est négatif,

$$m \leqslant -\frac{C}{B}.$$

Dans le premier cas, il y a un minimum $-\dfrac{C}{B}$ et pas de maximum.

Dans le second cas, il y a un maximum $-\dfrac{C}{B}$ et pas de minimum.

Lorsqu'on a trouvé le maximum ou le minimum d'une fonction de la forme de la proposée, on obtient la valeur de la variable x correspondante en remplaçant m par la valeur maximum ou minimum trouvée, dans la formule

$$x = \frac{mb' - b}{2(a - ma')}.$$

Applications : 1° *Chercher le maximum et le minimum de la fonction*

$$\frac{x^2 + 4x - 36}{2x - 10}.$$

Égalant cette fonction à m, on aura successivement

$$\frac{x^2 + 4x - 36}{2x - 10} = m,$$

$$x^2 + (4 - 2m)x - 36 + 10m = 0,$$

$$x = m - 2 \pm \sqrt{m^2 - 14m + 40}.$$

La condition de réalité est

$$m^2 - 14m + 40 \geqslant 0.$$

Or l'équation $m^2 - 14m + 40 = 0$ a pour racines 10 et 4, et le terme en m^2 est positif, donc la fonction peut prendre toutes les valeurs de l'infini à 10 d'une part, de 4 à moins l'infini de l'autre. Ainsi 10 est le minimum et 4 le maximum de la fonction proposée. On a ici un minimum et un maximum relatifs.

Pour $m = 10$, on a $x = 8$ et pour $m = 4$, on a $x = 2$.

2° *Chercher le maximum et le minimum de la fonction*

$$\frac{x^2 + 3x + 5}{x^2 + 1}.$$

On a successivement

$$\frac{x^2 + 3x + 5}{x^2 + 1} = m,$$

$$(1 - m)x^2 + 3x + 5 - m = 0,$$

$$x = \frac{-3 \pm \sqrt{-4m^2 + 24m - 11}}{2(1 - m)}.$$

Pour que x soit réel, il faut que l'on ait :

$$-4m^2 + 24m - 11 \geqslant 0.$$

Or l'équation $-4m^2 + 24m - 11 = 0$ a pour racines $\frac{11}{2}$ et $\frac{1}{2}$

et le terme en m^2 est négatif, donc m, c'est-à-dire la fonction, ne peut varier que de $\frac{11}{2}$ à $\frac{1}{2}$. Son maximum est donc $\frac{11}{2}$ et son minimum $\frac{1}{2}$. On a ici un maximum et un minimum absolus.

Pour $m = \frac{11}{2}$, on a $x = \frac{1}{3}$ et pour $m = \frac{1}{2}$, on a $x = -3$.

3° *Trouver le maximum et le minimum de la fonction*

$$\frac{x^2 - 6x + 8}{2x - 8}.$$

On a successivement

$$\frac{x^2 - 6x + 8}{2x - 8} = m,$$
$$x^2 - (6 + 2m)x + 8 + 8m = 0,$$
$$x = 3 + m \pm \sqrt{m^2 - 2m + 1}.$$

La condition de réalité des valeurs de x est

$$m^2 - 2m + 1 \geqslant 0.$$

Or l'équation $m^2 - 2m + 1 = 0$ a ses racines égales chacune à 1 (on voit *à priori* que son premier membre est le carré de $m - 1$). Donc m peut prendre tous les états de grandeur de $+\infty$ à $-\infty$ et la fonction donnée n'a ni maximum ni minimum.

4° *Trouver le maximum et le minimum de la fonction*

$$\frac{x^2 - x - 4}{x - 1}.$$

On a successivement

$$\frac{x^2 - x - 4}{x - 1} = m,$$
$$x^2 - (1 + m)x - 4 + m = 0,$$
$$x = \frac{1 + m \pm \sqrt{m^2 - 2m + 17}}{2}.$$

Pour que x soit réel, il faut que l'on ait

$$m^2 - 2m + 17 \geqslant 0.$$

Or l'équation $m^2 - 2m + 17 = 0$ a ses racines imaginaires. Donc $m^2 - 2m + 17$ est toujours positif quel que soit m et la fonction proposée n'a ni maximum ni minimum.

112. Problème III. — *La somme des surfaces latérales de deux cylindres ayant respectivement pour hauteurs* h *et* h' *est égale à la surface d'une sphère de rayon* a ; *trouver les valeurs des rayons des bases pour lesquelles la somme des volumes des cylindres est minimum.*

Soient x et y les rayons demandés, on a d'après l'énoncé :

$$2\pi x h + 2\pi y h' = 4\pi a^2,$$

ou

$$xh + yh' = 2a^2. \tag{1}$$

De plus, la somme $\pi x^2 h + \pi y^2 h'$ doit être minimum. Or, cette somme renferme le facteur constant π, donc les valeurs de x et de y qui la rendront minimum seront celles qui rendront minimum l'expression $x^2 h + y^2 h'$ et l'on posera

$$x^2 h + y^2 h' = m^3, \tag{2}$$

désignant par m^3 une valeur quelconque de la somme (la notation m^3 est préférable à m lorsqu'il s'agit de volumes, car elle donne des formules homogènes).

De l'équation (1) on tire

$$y = \frac{2a^2 - xh}{h'}.$$

Substituant dans l'équation (2), il vient, simplifications opérées

$$(hh' + h^2)x^2 - 4a^2 hx + 4a^4 - h'm^3 = 0.$$

On tire de cette équation

$$x = \frac{2a^2 h \pm \sqrt{hh'(h + h')m^3 - 4a^4 hh'}}{h(h' + h)}.$$

Pour que x soit réel, il faut que l'on ait :

$$hh'(h + h')m^3 - 4a^4 hh' \geqslant 0,$$

d'où l'on tire

$$m^3 \geqslant \frac{4a^4}{h + h'}.$$

Le minimum de la somme des volumes des cylindres est donc $\pi\left(\dfrac{4a^4}{h+h'}\right)$. Pour cette valeur, on trouve

$$x = y = \frac{2a^2}{h+h'}\cdot$$

113. Problème IV. — *Circonscrire à une sphère un cône de volume minimum.*

Soient O la sphère donnée et SAB le cône demandé (*fig.*10).

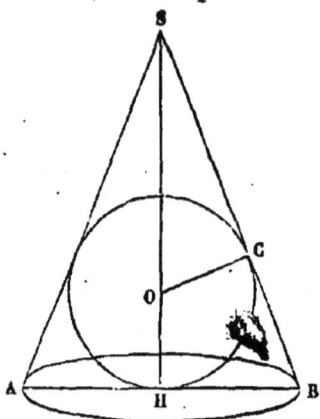

Nommons R le rayon de la sphère, x celui de la base du cône et y la hauteur de ce dernier. Nous avons à chercher le minimum de l'expression

$$\frac{1}{3}\pi x^2 y,$$

et comme $\frac{1}{3}\pi$ est constant, nous poserons simplement

$$x^2 y = m^3. \qquad (1)$$

Fig. 10.

D'autre part, les triangles semblables SBH, SOC donnent

$$\frac{x}{R} = \frac{y}{SC}\cdot$$

Or $\overline{SC}^2 = y(y - 2R)$, donc

$$\frac{x^2}{R^2} = \frac{y^2}{y(y-2R)}\cdot \qquad (2)$$

Éliminant x entre cette dernière équation et l'équation (1), on a

$$R^2 y^2 - m^3 y + 2Rm^3 = 0,$$

d'où

$$y = \frac{m^3 \pm \sqrt{m^3(m^3 - 8R^3)}}{2R^2}\cdot$$

Pour que y soit réel il faut que l'on ait $m^3 \geqslant 8R^3$; la valeur minimum de m^3 est donc $8R^3$ et le volume du cône demandé est $\frac{8}{3}\pi R^3$. Pour $m^3 = 8R^3$, on a $y = 4R$ et ensuite $x = R\sqrt{2}$.

Ainsi la hauteur du cône minimum est le double du diamètre de la sphère inscrite et le rayon de base est égal au côté du carré inscrit dans un grand cercle de cette sphère. On peut remarquer en outre que le volume du cône est le double de celui de la sphère.

Théorèmes relatifs aux questions de maximum et de minimum.

114. Théorème I. — *Le produit de deux facteurs de somme constante est maximum lorsque les deux facteurs sont égaux* (*).

Soient a la somme des deux facteurs et x l'un d'eux ; l'autre sera $a - x$, et si l'on nomme m la valeur de leur produit, on aura successivement

$$x(a - x) = m,$$
$$x^2 - ax + m = 0,$$
$$x = \frac{a \pm \sqrt{a^2 - 4m}}{2}.$$

Pour que x soit réel, il faut que l'on ait $a^2 - 4m \geqslant 0$, d'où l'on tire

$$m < \frac{a^2}{4}.$$

La valeur maximum du produit des deux facteurs est donc $\frac{a^2}{4}$; pour cette valeur, on a $x = \frac{a}{2}$. Donc le produit est maxi-mum lorsque ses deux facteurs sont égaux chacun à la moitié de leur somme, ce qui démontre le théorème.

RÉCIPROQUEMENT, *la somme de deux nombres dont le produit est constant est minimum lorsque ces nombres sont égaux entre eux, chacun valant alors la racine carrée de leur produit.*

Soit p le produit de deux nombres et x l'un d'eux ; l'autre sera alors $\frac{p}{x}$ et si l'on nomme m la valeur de leur somme on aura successivement

---

(*) Ce théorème et le suivant (115) ne doivent évidemment être appliqués que lorsqu'il s'agit de facteurs pouvant devenir égaux.

$$x + \frac{p}{x} = m,$$

$$x^2 - mx + p = 0,$$

$$x = \frac{m \pm \sqrt{m^2 - 4p}}{2}.$$

Pour que x soit réel, il faut que l'on ait $m^2 - 4p \geqslant 0$, d'où l'on tire

$$m^2 \geqslant 4p \quad \text{et} \quad m \geqslant 2\sqrt{p}.$$

La valeur minimum de la somme des deux facteurs est donc $2\sqrt{p}$; pour cette valeur, on a $x = \dfrac{m}{2} = \sqrt{p}$ et par suite aussi $y = \sqrt{p}$, ce qui démontre le théorème.

115. Théorème II. — *Le produit de plusieurs facteurs positifs de somme constante est maximum lorsque tous les facteurs sont égaux entre eux.*

Soit a la somme de plusieurs facteurs positifs et supposons que les facteurs dont le produit est maximum soient représentés par x, y, z, ... de telle sorte que l'on ait

$$x + y + z \ldots = a,$$
$$xyz \ldots = \text{produit maximum}.$$

On va prouver que dans ces conditions $x = y = z \ldots$.

En effet, supposons que deux facteurs quelconques, x et y, par exemple, ne soient pas égaux, leur produit xy serait alors moindre que le produit $\left(\dfrac{x+y}{2}\right)\left(\dfrac{x+y}{2}\right)$ en vertu du théorème 1 et l'on aurait

$$xyz \ldots < \left(\frac{x+y}{2}\right)\left(\frac{x+y}{2}\right)z \ldots,$$

ce qui n'est pas possible puisque par hypothèse $xyz \ldots$ est le produit maximum.

Donc deux quelconques des facteurs du produit maximum ne sauraient être inégaux, ce qui démontre le théorème.

116. Théorème III. — *Le produit $x^m y^n z^p \ldots$ des puissances $m^{ième}$, $n^{ième}$, $p^{ième} \ldots$ de nombres positifs, dont la somme est égale à une quantité constante a, est maximum lorsque l'on a*

$$\frac{x}{m} = \frac{y}{n} = \frac{z}{p} \ldots.$$ *c'est-à-dire lorsque les facteurs sont propor-tionnels à leurs exposants* (*).

Soit l'expression

$$\frac{x^m y^n z^p \ldots}{m^m n^n p^p \ldots},$$

les valeurs de $x, y, z \ldots$ qui la rendront maximum seront celles qui rendent maximum le numérateur $x^m y^n z^p \ldots$ puisque le dénominateur est constant : ces valeurs sont donc celles qu'il s'agit de chercher :

Or, on a

$$\frac{x^m y^n z^p \ldots}{m^m n^n p^p \ldots} = \left(\frac{x}{m}\right)^m \left(\frac{y}{n}\right)^n \left(\frac{z}{p}\right) \ldots.$$

ou encore,

$$= \frac{x}{m} \times \frac{x}{m} \times \ldots \times \frac{y}{n} \times \frac{y}{n} \times \ldots \times \frac{z}{p} \times \frac{z}{p} \times \ldots$$

Mais la somme des facteurs de ce produit est constante, car la somme des m premiers est égale à x, la somme des n suivants est égale à y et ainsi de suite, de sorte que la somme de tous les facteurs vaut $x + y + z \ldots$ c'est-à-dire a.

Il résulte de là en vertu du théorème II, que le produit de ces facteurs sera maximum lorsqu'ils seront tous égaux, c'est-à-dire lorsque l'on aura

$$\frac{x}{m} = \frac{y}{n} = \frac{z}{p} \ldots,$$

ce qu'il fallait démontrer.

117. Théorème IV. — *Si une quantité* A *étant donnée, une autre quantité* B *qui en dépend est maximum dans cer-taines conditions, réciproquement la quantité* B *étant donnée, la quantité* A *sera minimum dans les mêmes conditions, pourvu que la valeur maximum de la quantité* B *diminue lorsque la valeur donnée à la quantité* A *diminue.*

En effet, supposons que pour une valeur a donnée à la quan-

(*) Ce théorème ne doit être appliqué que lorsqu'il s'agit de facteurs pouvant devenir proportionnels à leurs exposants.

tité A, la valeur maximum de la quantité B soit égale à *b*, et que pour une valeur *a′* < *a* donnée à A, la valeur maximum de B soit un nombre *b′* moindre que *b*. Si, partant maintenant de la quantité B, on lui donne la valeur *b*, la valeur correspondante de A ne saura être moindre que *a* ; par suite A a pour minimum *a*. »

Il résulte de ce théorème les réciproques suivantes :

La somme de plusieurs facteurs positifs de produit constant est minimum lorsque ces facteurs sont égaux entre eux.

La somme des facteurs positifs x, y, z *dont le produit* $x^m y^n z^p$

est constant, est minimum lorsque l'on a $\dfrac{x}{m} = \dfrac{y}{n} = \dfrac{z}{p}$, *c'est-à-dire lorsque ces facteurs sont proportionnels à leurs exposants.*

Applications des théorèmes qui précèdent.

118. Problème I. — *Trouver parmi les rectangles ayant même périmètre, celui dont la surface est maximum.*

La somme des dimensions des rectangles en question étant constante, le produit de ces dimensions, c'est-à-dire la surface de la figure, sera maximum lorsque les facteurs seront égaux (Théorème I).

Le rectangle demandé est donc le carré.

REMARQUE. — On reconnaît, en s'appuyant sur la réciproque du théorème I, que de tous les rectangles ayant même surface, c'est le carré qui a le périmètre minimum.

119. Problème II. — *De tous les triangles qui ont même périmètre, trouver celui dont la surface est maximum.*

L'aire d'un triangle en fonction des trois côtés est donnée par la formule

$$S = \sqrt{p(p-a)(p-b)(p-c)},$$

dans laquelle *p* représente le demi-périmètre du triangle. Or cette expression sera maximum lorsque le produit placé sous le radical sera lui-même maximum. Ce produit renfermant le facteur constant *p*, il suffit de chercher le maximum de

$$(p-a)(p-b)(p-c).$$

La somme des trois facteurs de ce produit est constante, car elle est égale à *p*, donc leur produit sera maximum lorsqu'ils seront tous égaux entre eux, c'est-à-dire lorsque l'on aura $a = b = c$ (Théorème II).

Le triangle demandé est donc le triangle équilatéral.

120. Problème III. — *De tous les parallélipipèdes rectangles de même surface totale, trouver celui dont le volume est maximum.*

Soient x, y, z les trois arêtes d'un parallélipipède rectangle ayant K^2 pour surface totale. On a

$$2xy + 2xz + 2yz = K^2, \qquad (1)$$

et l'on demande les valeurs de x, y, z pour lesquelles le volume du solide exprimé par le produit xyz sera maximum.

On peut remarquer que x, y, z étant des quantités positives, le maximum de leur produit aura lieu pour les mêmes valeurs des facteurs x, y, z que le maximum du carré

$$x^2 y^2 z^2.$$

Or, ce carré peut s'écrire

$$xy \times xz \times yz,$$

et l'on voit que la somme des facteurs $xy + xz + yz$ est constante en vertu de la relation (1). Le produit sera donc maximum (Théorème II), lorsque tous ses facteurs seront égaux, c'est-à-dire lorsque l'on aura :

$$xy = xz = yz,$$

ce qui donne

$$x = y = z.$$

Le parallélipipède demandé n'est donc autre que le cube.

121. Problème IV. — *Inscrire dans un cercle un triangle isocèle de surface maximum.*

Supposons le problème résolu et soit ABC (*fig.*11) le triangle

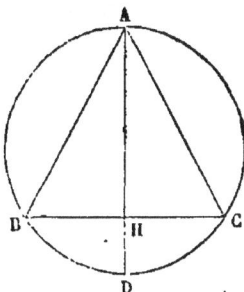

Fig. 11.

isocèle demandé inscrit dans le cercle. Nommons $2x$ la base BC, y la hauteur AH et R le rayon du cercle.

La surface du triangle ABC a pour expression le produit xy ; il s'agit donc de chercher les valeurs de x et de y pour lesquelles ce produit est maximum.

Or, BH ou x est moyenne proportionnelle entre AH ou y et HD ou $2R - y$, on a donc

$$x = \sqrt{y(2R - y)}.$$

Et le produit xy devient

$$y\sqrt{y(2R - y)}.$$

Les facteurs étant positifs, la valeur de y qui rendra ce produit maximum sera la même que celle qui rendra maximum le carré

$$y^2(2R - y).$$

Or la somme des facteurs y et $2R - y$ est constante puisqu'elle vaut $2R$, donc en vertu du théorème III, le produit sera maximum lorsque l'on aura

$$\frac{y}{3} = \frac{2R - y}{1},$$

d'où l'on tire :

$$y = \frac{3}{2} R,$$

et ensuite $2x = R\sqrt{3}$. Le triangle demandé est donc le triangle équilatéral inscrit.

122. Problème V. — *Inscrire dans un cône un cylindre de volume maximum.*

Supposons le problème résolu et soit CDEG (*fig.* 12) le cy-

Fig. 12.

lindre demandé. Nommons R et h le rayon de base et la hauteur du cône donné ; x et y le rayon de base et la hauteur du cylindre demandé. Le volume de ce cylindre a pour expression $\pi x^2 y$; π étant un facteur constant, on a donc à trouver les valeurs de x et de y qui rendent maximum le produit $x^2 y$.

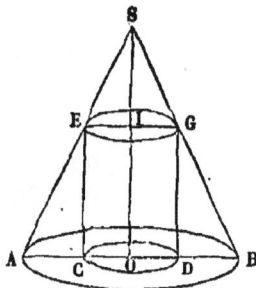

Or les triangles semblables SIG, SOB donnent $\dfrac{x}{R} = \dfrac{h - y}{h}$, d'où

$$x = \frac{R}{h}(h - y),$$

et le produit x^2y peut s'écrire

$$\frac{R^2}{h^2}(h-y)^2y\,;$$

$\frac{R^2}{h^2}$ est un facteur constant, il suffit donc de chercher le maximum du produit

$$(h-y)^2y.$$

La somme des facteurs $h-y$ et y vaut h ; cette somme étant constante, le produit sera maximum lorsque l'on aura (Théorème III)

$$\frac{h-y}{2}=\frac{y}{1}\,.$$

On tire de là

$$y=\frac{h}{3}\quad\text{et ensuite}\quad x=\frac{2}{3}\,R.$$

On a ainsi les dimensions du cylindre demandé.

123. Problème VI. — *Inscrire dans une sphère un cône de surface latérale maximum.*

Supposons le problème résolu et soit SAB le cône demandé (*fig.* 13). Nommons R le rayon de la sphère donnée, x et y le rayon de base et la hauteur du cône.

L'expression de la surface latérale du cône est

$$\pi x\sqrt{x^2+y^2},$$

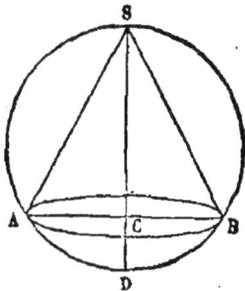

Fig. 13.

π étant constant, on n'a à s'occuper que du maximum du produit

$$x\sqrt{x^2+y^2}. \tag{1}$$

La droite AC ou x est moyenne proportionnelle entre y et $2R-y$: on a donc :

$$x^2=y(2R-y),\quad\text{d'où}\quad x^2+y^2=2Ry.$$

Le produit (1) peut donc s'écrire

$$\sqrt{y(2R-y)}\,\sqrt{2Ry}.$$

La valeur de y qui rendra cette expression maximum est la même que celle qui rend maximum son carré $2Ry^2(2R - y)$. La question revient ainsi, en supprimant le facteur constant $2R$, à chercher le maximum du produit

$$y^2(2R - y).$$

La somme des facteurs y et $2R - y$ vaut $2R$; elle est donc constante et d'après le théorème III le produit sera maximum pour

$$\frac{y}{2} = \frac{2R - y}{1},$$

d'où l'on tire

$$y = \frac{4}{3} R \quad \text{et ensuite} \quad x = \frac{2R\sqrt{2}}{3}.$$

Telles sont les dimensions du cône demandé.

CHAPITRE IV

PROGRESSIONS ET LOGARITHMES.

PROGRESSIONS.

Progressions arithmétiques.

124. Définition. — On nomme *progression arithmétique* une suite de termes tels que chacun d'eux est égal au précédent augmenté d'une quantité constante appelée *raison*. La progression est *croissante* ou *décroissante* suivant que la raison est positive ou négative.

Ainsi la suite des termes

$$\div\ 3\ .\ 5\ .\ 7\ .\ 9\ .\ 11\ .\ .\ .\ .$$

est une progression croissante ayant 2 pour raison.

De même, la suite

$$\div\ 27\ .\ 24\ .\ 21\ .\ 18\ .\ 15\ .\ .\ .\ .$$

est une progression décroissante ayant — 3 pour raison.

On voit par les exemples qui précèdent que pour écrire une progression arithmétique on place un point entre chaque terme et le suivant et l'on fait précéder le premier terme du signe $\div$.

125. Théorème I. — *Dans une progression arithmétique un terme de rang quelconque est égal au premier terme plus, autant de fois la raison qu'il y a de termes avant lui.*

En effet, soit la progression

$$\div \; a \;.\; b \;.\; c \;.\; d \;.\;.\;.\;.\; k \;.\; l,$$

et soit r la raison de cette progression.

Par définition, on a : $b = a + r$,

$$c = b + r = a + 2r,$$
$$d = c + r = a + 3r,$$

et ainsi de suite.

Donc, si le terme l de la progression est le $n^{\text{ième}}$, c'est-à-dire a $n - 1$ termes avant lui, on aura :

$$l = a + (n - 1)r, \tag{1}$$

ce qu'il fallait démontrer.

126. Application. — Comme application du théorème qui précède, nous nous proposerons de résoudre la question suivante :

Insérer entre deux nombres donnés A *et* B, m *moyens arithmétiques*, c'est-à-dire *former une progression ayant pour termes extrêmes* A *et* B, *et renfermant en tout* m + 2 *termes.*

Il est clair qu'il suffit pour résoudre le problème de déterminer la raison de la progression que l'on veut former. Or si l'on nomme r cette raison, on a d'après la formule (1) :

$$B = A + (m + 1)r,$$

d'où l'on tire

$$r = \frac{B - A}{m + 1}.$$

On voit ainsi que la raison est égale à la différence des deux nombres donnés divisée par le nombre des moyens à insérer augmenté d'une unité.

REMARQUE. — Si l'on donne à m des valeurs de plus en plus grandes, la valeur de r devient de plus en plus petite, et m croissant indéfiniment, cette valeur s'approche indéfiniment de zéro. Il est donc toujours possible d'insérer entre deux nombres donnés un nombre de moyens arithmétiques suffisamment grand pour que la différence entre deux termes consécutifs de la progression résultante soit aussi petite que l'on voudra.

EXEMPLE. — Insérer entre 1 et 10 des moyens arithmétiques de telle sorte que la différence entre deux moyens consécutifs soit moindre que 0,01.

Ici m doit être tel que l'on ait

$$\frac{10-1}{m+1} < 0,01.$$

On tire de cette inégalité

$$m > 899.$$

Il suffira donc de prendre $m = 900$ pour résoudre la question.

127. Théorème II. — *Si entre les termes successifs d'une progression arithmétique on insère le même nombre de moyens arithmétiques, la nouvelle suite de termes ainsi formée est encore une progression arithmétique.*

Soit la progression

$$\div a \,.\, b \,.\, c \,.\, d \,.\,.\,.\,.\, h \,.\, k \,.\, l.$$

Si l'on insère m moyens entre a et b, la raison de la progression ainsi formée est $\dfrac{b-a}{m+1}$. De même les raisons des progressions formées en insérant m moyens entre b et c, c et d, etc., valent $\dfrac{c-b}{m+1}$, $\dfrac{d-c}{m+1}$, etc. Or, toutes ces raisons sont égales entre elles, car les quantités qui les représentent ont le même dénominateur $m+1$, et ont des numérateurs égaux puisque chacun d'eux n'est autre que la raison de la progression proposée. De plus, le dernier terme de chaque progression partielle est le premier terme de la progression suivante. Donc toutes ces progressions n'en forment qu'une seule, ce qu'il fallait démontrer.

128. Théorème III. — *Dans une progression arithmétique, la somme de deux termes pris à égale distance des extrêmes est égale à la somme des extrêmes.*

Soit la progression

$$\div a \,.\, b \,.\, c \,.\,.\,.\,.\, k \,.\, l,$$

ayant r pour raison. Représentons par g et h deux termes pris à égale distance des extrêmes a et l, de telle sorte que g ayant m termes avant lui, h en ait m après lui. La formule (1) donne :

$$g = a + mr.$$

Elle donne également en supposant qu'on lise la progression en allant de droite à gauche :

$$h = l - mr.$$

Additionnant les valeurs de g et h, il vient

$$g + h = a + l,$$

ce qu'il fallait démontrer.

Remarque. — Lorsque les termes d'une progression arithmétique sont en nombre impair, le terme du milieu est égal à la demi-somme des extrêmes.

En effet, soient a et l le premier et le dernier terme d'une progression renfermant $2m + 1$ termes et soit k le terme du milieu, on a :

$$k = a + mr \quad \text{et aussi} \quad k = l - mr,$$

d'où

$$k = \frac{a + l}{2}.$$

129. Somme des termes d'une progression arithmétique. — Soit la progression

$$\div a . b . c \ldots h . k . l.$$

Représentons par S la somme de ses termes, il viendra

$$S = a + b + c + \ldots + h + k + l,$$

et aussi, en renversant l'ordre des termes,

$$S = l + k + h + \ldots + c + b + a.$$

Additionnant, on a

$$2S = (a + l) + (b + k) + (c + h) + \ldots$$

Mais d'après le théorème qui précède, chacune des sommes placées entre parenthèses vaut $a + l$ et il y a autant de ces sommes que la progression renferme de termes. On a donc en nommant n le nombre de ceux-ci :

$$2S = (a + l)n,$$

d'où

$$S = \frac{(a + l)n}{2}. \tag{2}$$

Si l'on remplace, dans cette dernière formule, l par sa valeur donnée par la relation $l = a + (n - 1)r$, il viendra

$$S = \frac{[2a + (n - 1)r]n}{2}, \tag{3}$$

formule qui donne la valeur de S indépendamment de l.

APPLICATIONS. — 1° *Trouver la somme des* n *premiers nombres entiers.*

La suite des nombres entiers forme une progression arithmétique ayant 1 pour premier terme et 1 pour raison. Il suffit donc de faire dans la formule (3), $a = 1$, $r = 1$. Il vient ainsi

$$S = \frac{(n + 1)n}{2}.$$

2° *Trouver la somme des* n *premiers nombres impairs.*

La suite des nombres impairs forme une progression arithmétique dont le premier terme est 1 et la raison 2. On devra donc pour résoudre la question faire dans la formule (3) $a = 1$, $r = 2$. Il vient ainsi

$$S = n^2.$$

130. Les formules

$$l = a + (n - 1)r \quad (1), \quad S = \frac{(a + l)n}{2} \tag{2}$$

sont les seules *distinctes* qui existent entre les éléments a, r, l, n, S d'une progression arithmétique. Elles permettent de déterminer deux de ces éléments inconnus, lorsque les trois autres sont donnés.

EXEMPLE. — Dans une progression arithmétique, le premier terme $a = 3$, la raison $r = 4$ et la somme des termes $S = 78$, trouver le nombre des termes et le dernier terme.

Remplaçant a, r, S par leurs valeurs dans les formules (1) et (2), on a les équations

$$l = 3 + (n-1)4,$$
$$78 = \frac{(3+l)n}{2}.$$

Remplaçant l par sa valeur dans la seconde, il vient, calculs et simplifications opérés,

$$2n^2 + n - 78 = 0,$$

d'où

$$n = \frac{-1 \pm \sqrt{625}}{4} = \frac{-1 \pm 25}{4}.$$

La première valeur de n est égale à 6 et donne le nombre des termes demandés ; quant à la seconde valeur, elle est négative et par conséquent doit être rejetée.

La valeur $n = 6$ transportée dans la première équation donne $l = 23$.

Progressions géométriques.

131. Définition. — On nomme *progression géométrique* une suite de termes tels que chacun d'eux est égal au précédent multiplié par une quantité constante que l'on nomme *raison*. La progression est *croissante* lorsque la raison est plus grande que l'unité, et *décroissante* lorsque la raison est moindre que l'unité.

Ainsi la suite des termes

$$\div\ 5 : 10 : 20 : 40 : 80 \ldots$$

est une progression géométrique croissante ayant 2 pour raison.

De même la suite

$$\div\ 128 : 64 : 32 : 16 : 8 \ldots$$

est une progression géométrique décroissante ayant $\frac{1}{2}$ pour raison.

On voit par les deux exemples ci-dessus, qu'une progression géométrique s'écrit comme une progression arithmétique, mais en doublant les points placés entre les termes.

132. Théorème I. — *Dans une progression géométrique, un terme de rang quelconque est égal au premier multiplié par la raison élevée à une puissance marquée par le nombre des termes qui le précèdent.*

En effet, soit la progression

$$\div\ a : b : c : d : \ldots : k : l$$

et soit q la raison de cette progression.

Par définition on a

$$b = aq,$$
$$c = bq = aq^2,$$
$$d = cq = aq^3,$$

et ainsi de suite.

Donc si le terme l est le $n^{ième}$ de la progression, c'est-à-dire a $n-1$ termes avant lui, on aura

$$l = aq^{n-1}, \qquad\qquad (1)$$

ce qu'il fallait démontrer.

133. Application. — Nous nous proposerons, comme application du théorème ci-dessus, de résoudre le problème suivant :

Insérer entre deux nombres donnés A et B m moyens géométriques, c'est-à-dire former une progression géométrique ayant pour extrêmes A et B et renfermant en tout m + 2 termes.

Il suffit évidemment, pour pouvoir former la progression demandée, d'en déterminer la raison. En appelant q cette raison, on aura en appliquant la formule (1)

$$B = Aq^{m+1},$$

d'où l'on tire

$$q = \sqrt[m+1]{\frac{B}{A}}.$$

Ainsi la raison est égale à une racine du quotient des deux nombres donnés, l'indice de cette racine étant égal au nombre des moyens à insérer plus un.

Nous établirons plus loin (143) qu'on peut toujours insérer entre deux nombres donnés un nombre de moyens géomé-

triques assez grand pour que la différence entre deux quelconques consécutifs d'entre eux soit aussi petite que l'on
voudra

134. Théorème II. — *Si entre les termes successifs d'une
progression géométrique on insère le même nombre de moyens
géométriques, la nouvelle suite de termes ainsi obtenue est
encore une progression géométrique.*

En effet, soit la progression

$$\div a : b : c : d \ldots$$

Si l'on insère m moyens entre a et b, m entre b et c, m entre
c et d, etc., les raisons des progressions partielles ainsi formées

deviendront respectivement $\sqrt[m+1]{\dfrac{b}{a}}$, $\sqrt[m+1]{\dfrac{c}{b}}$, $\sqrt[m+1]{\dfrac{d}{c}}$, etc.

Or on voit facilement que ces quantités sont toutes égales
entre elles ; de plus le dernier terme de chaque progression
partielle est le premier terme de la suivante. Donc enfin toutes
les progressions n'en forment qu'une seule, ce qu'il fallait
démontrer.

135. Théorème III. — *Dans une progression géométrique,
le produit de deux termes pris à égale distance des extrêmes
est égal au produit des extrêmes.*

Soit la progression

$$\div a : b : c \ldots k : l$$

ayant q pour raison, et soient deux termes g et h de cette progression ayant le premier m termes avant lui et le second m
termes après lui.

La formule (1) donne

$$g = aq^m,$$

et si l'on suppose une progression ayant h pour premier terme
et l pour dernier, on aura en vertu de la même formule (1),

$$l = hq^m.$$

Cette dernière égalité donne

$$h = \frac{l}{q^m},$$

et multipliant cette valeur de h par celle de g, il vient

$$gh = al,$$

ce qu'il fallait démontrer.

Remarque. — Si le nombre des termes de la progression est impair, le terme du milieu est la moyenne proportionnelle entre les extrêmes.

En effet, soient a et l les termes extrêmes d'une progression ayant q pour raison et renfermant $2m + 1$ termes. En nommant k le terme du milieu, on a

$$k = aq^m \quad \text{et aussi} \quad k = \frac{l}{q^m},$$

d'où l'on tire

$$k^2 = al \quad \text{et} \quad k = \sqrt{al}.$$

136. Produit des termes d'une progression géométrique. — Soit la progression

$$\div a : b : c \dots h : k : l.$$

Nommons P le produit de ses termes, on a

$$P = a \times b \times c \times \dots \times h \times k \times l,$$

et aussi

$$P = l \times k \times h \times \dots \times c \times b \times a.$$

Multipliant membre à membre et remarquant qu'en vertu du théorème III on a : $= al = bk = ch \dots$, on aura

$$P^2 = (al)^n,$$

d'où

$$P = \sqrt{(al)^n}.$$

Si l'on remplace dans cette dernière formule l par sa valeur aq^{n-1}, il vient

$$P = \sqrt{a^{2n} q^{n(n-1)}}$$

et l'on peut remarquer que la quantité placée sous le radical est toujours carré parfait car l'exposant $n(n-1)$ est pair, puisqu'il est le produit de deux nombres entiers consécutifs.

137. Somme des termes d'une progression géométrique. — Soit S la somme des termes de la progression géométrique

$$\div\ a : b : c : d \ldots h : k : l,$$

on a

$$S = a + b + c + d + \ldots + h + k + l.$$

Si l'on multiplie les deux membres de cette égalité par la raison q de la progression, il vient en remarquant que $aq = b$, $bq = c$, etc.,

$$Sq = b + c + d + \ldots + k + l + lq.$$

Retranchant la valeur de S de celle de Sq, il vient

$$Sq - S = lq - a,$$

d'où l'on tire

$$S = \frac{lq - a}{q - 1}, \qquad (2)$$

formule qui donne la somme des termes d'une progression géométrique en fonction du premier terme, du dernier et de la raison.

Si l'on remplace dans cette formule l par sa valeur aq^{n-1}, il vient

$$S = \frac{a(q^n - 1)}{q - 1},$$

formule qui permet de trouver la somme des termes d'une progression géométrique en fonction du premier terme, de la raison et du nombre des termes.

Lorsque la progression est décroissante, on a $q < 1$ et la formule qui précède peut s'écrire

$$S = \frac{a(1 - q^n)}{1 - q}.$$

138. Les formules

$$l = aq^{n-1}, \qquad S = \frac{lq - a}{q - 1}$$

sont les seules *distinctes* qui existent entre les éléments a, l, q, n, S d'une progression géométrique. Elles permettent étant donnés trois de ces éléments de déterminer les deux autres, mais il est des cas dans lesquels les équations ainsi obtenues ne peuvent être résolues au moyen des procédés exposés jusqu'ici.

139. Théorème. — *Les puissances successives d'un nombre plus grand que 1 vont en augmentant et peuvent croître au delà de toute limite.*

Soit un nombre $q > 1$. On a d'abord successivement

$$q^2 > q, \quad q^3 > q^2 \ldots . \quad \text{et en général} \quad q^{n+1} > q^n.$$

On va maintenant prouver qu'il est toujours possible d'élever le nombre q à une puissance m telle que l'on ait

$$q^m > A,$$

A représentant un nombre aussi grand que l'on voudra.

Le nombre q étant plus grand que 1, on peut poser $q = 1 + \alpha$ α représentant un nombre positif. De cette égalité, on tire

$$q - 1 = \alpha,$$

Si l'on multiplie $q - 1$ par q, on aura un produit plus grand que le multiplicande puisque le multiplicateur est plus grand que l'unité. On a donc

$$q^2 - q > \alpha$$

et successivement *a fortiori*

$$q^3 - q^2 > \alpha,$$
$$q^4 - q^3 > \alpha,$$
$$. \ . \ . \ . \ . \ . \ . \ . \ .$$
$$q^m - q^{m-1} > \alpha ;$$

additionnant membre à membre toutes ces inégalités et l'égalité $q - 1 = \alpha$, il vient simplifications faites

$$q^m - 1 > m\alpha,$$

d'où

$$q^m > 1 + m\alpha.$$

Si donc on trouve pour m un nombre tel que l'on ait

$$1 + m\alpha > A,$$

on aura *a fortiori* $q^m > A$ et le théorème sera démontré.

Or de l'inégalité $1 + m\alpha > A$, on tire

$$m > \frac{A - 1}{\alpha}$$

et il est clair qu'on peut toujours trouver pour m un nombre satisfaisant à cette condition. Donc enfin on pourra toujours satisfaire à l'inégalité

$$q^m > A,$$

ce qu'il fallait démontrer.

A pouvant être aussi grand que l'on veut, les puissances de q croissent donc au delà de toute limite.

140. Théorème. — *Les puissances successives d'un nombre moindre que 1 vont en diminuant et s'approchent indéfiniment de zéro.*

Soit un nombre $q < 1$: on a d'abord

$$q^2 < q, \quad q^3 < q^2 \ldots \ldots \quad \text{et en général} \quad q^{n+1} < q^n.$$

Maintenant, le nombre q étant moindre que 1, on peut poser $q = \dfrac{1}{1 + \alpha}$, α étant un nombre positif. Une puissance quelconque de q pourra donc être représentée par $\dfrac{1}{(1 + \alpha)^m}$. Or le dénominateur de cette fraction est une puissance d'un nombre plus grand que un : ce dénominateur peut donc, en vertu du théorème précédent, croître au delà de toute limite, donc la fraction elle-même, c'est-à-dire q^m, peut s'approcher indéfiniment de zéro, ce qu'il fallait démontrer.

141. Discussion de la formule $S = \dfrac{a(q^n - 1)}{q - 1}$. — Les théorèmes qui viennent d'être démontrés vont nous permettre de discuter la formule

$$S = \frac{a(q^n - 1)}{q - 1}.$$

Nous distinguerons trois cas suivant que q est supérieur, égal ou inférieur à 1.

1° $q > 1$. — Alors si l'on suppose une progression dont le nombre des termes augmente indéfiniment, la valeur de S croîtra elle-même indéfiniment, puisque q^n peut croître au delà de toute limite (139).

2° $q = 1$. — La valeur de S prend alors la forme $\frac{0}{0}$. L'indétermination est évidemment apparente : elle tient à la présence aux deux termes de l'expression du facteur $q - 1$, lequel devient égal à 0 lorsque $q = 1$. Si l'on supprime ce facteur avant d'introduire l'hypothèse, il vient

$$S = a(q^{n-1} + q^{n-2} + \ldots + q + 1)$$

et pour $q = 1$, on a

$$S = an.$$

Il était facile de prévoir ce résultat, car la raison étant 1, chacun des n termes de la progression est égal à a.

3° $q < 1$. — La progression est alors décroissante et la formule peut s'écrire

$$S = \frac{a(1 - q^n)}{1 - q},$$

ou encore

$$S = \frac{a}{1 - q} - \frac{a}{1 - q} \times q^n.$$

Si l'on suppose que le nombre n des termes de la progression croisse indéfiniment, q^n tend vers zéro (140) : on a donc pour n infini

$$\lim. S = \frac{a}{1 - q}.$$

Application. — Trouver la génératrice de la fraction décimale périodique

$$0{,}726726726726 \ldots$$

Les périodes sont les termes d'une progression géométrique décroissante, car chacune d'elles est égale à la précédente multipliée par la quantité constante 0,001. Leur somme, c'est-à-dire la génératrice demandée, s'obtiendra donc en faisant dans la formule qui précède, $a = 0{,}726$, et $q = 0{,}001$. On trouve ainsi

$$\text{frac. gén.} = \frac{0{,}726}{1 - 0{,}001} = \frac{726}{999},$$

résultat conforme à celui qu'on trouve en traitant la question par l'arithmétique.

LOGARITHMES.

142. Définition. — Si l'on considère deux progressions croissantes, l'une géométrique ayant pour premier terme 1, l'autre arithmétique ayant pour premier terme zéro, les termes de la progression arithmétique sont dits *les logarithmes* des termes correspondants de la progression géométrique.

Ainsi étant données les deux progressions

$$\div\!\!\!\div \; 1 : q : q^2 : q^3 : q^4 : \ldots \, q^n$$
$$\div \; 0 \, . \, r \, . \, 2r \, . \, 3r \, . \, 4r \ldots \, nr,$$

r est le logarithme de q, $2r$ celui de q^2, $3r$ celui de q^3 et ainsi de suite.

On remarquera que le premier terme de la progression géométrique étant 1, les autres termes sont les puissances successives de la raison q. De même le premier terme de la progression arithmétique étant zéro, les autres termes sont les multiples successifs de la raison r. Enfin dans deux termes correspondants des progressions, le même nombre est l'exposant et le multiplicateur de la raison. Ainsi en général nr est le logarithme de q^n.

L'ensemble des deux progressions constitue ce qu'on nomme un système de logarithmes.

143. Nous nous proposerons d'établir que *tout nombre plus grand que un a un logarithme*, et pour cela nous allons prouver qu'étant données deux progressions formant un système de logarithmes, par exemple les progressions

$$\div\!\!\!\div \; 1 : q : q^2 : q^3 : \ldots \, q^n$$
$$\div \; 0 \, . \, r \, . \, 2r \, . \, 3r \ldots \, nr,$$

on peut toujours insérer entre leurs termes successifs un nombre de moyens assez considérable pour que dans les progressions résultantes les termes consécutifs diffèrent l'un de l'autre d'une quantité aussi petite que l'on voudra.

Supposons d'abord que l'on insère $m - 1$ moyens entre les termes successifs de la progression géométrique. La raison de

.a nouvelle progression ainsi formée sera égale à $\sqrt[m]{q}$ (133) et tous les termes étant des puissances de la raison, deux consécutifs d'entre eux pourront être représentés par $\left(\sqrt[m]{q}\right)^{k}$ et $\left(\sqrt[m]{q}\right)^{k+1}$.

Leur différence sera donc

$$\left(\sqrt[m]{q}\right)^{k+1} - \left(\sqrt[m]{q}\right)^{k},$$

ou

$$\left(\sqrt[m]{q}\right)^{k} \left(\sqrt[m]{q} - 1\right).$$

Il s'agit de prouver qu'on peut prendre m assez grand pour que l'on ait

$$\left(\sqrt[m]{q}\right)^{k} \left(\sqrt[m]{q} - 1\right) < \varepsilon \qquad (1)$$

ε étant une quantité aussi rapprochée de zéro que l'on voudra.

Or, soit A le dernier terme de la progression géométrique considérée, on aura $\left(\sqrt[m]{q}\right)^{k} <$ A, de telle sorte que si l'on satisfait à l'inégalité

$$A\left(\sqrt[m]{q} - 1\right) < \varepsilon,$$

on satisfera *à fortiori* à l'inégalité (1).

De $A\left(\sqrt[m]{q} - 1\right) < \varepsilon$, on tire

$$\sqrt[m]{q} < 1 + \frac{\varepsilon}{A},$$

d'où

$$q < \left(1 + \frac{\varepsilon}{A}\right)^{m};$$

$1 + \frac{\varepsilon}{A}$ est plus grand que un, donc on peut toujours l'élever à une puissance m telle que l'inégalité soit satisfaite. Il suffit pour cela de prendre $m > \dfrac{q - 1}{\left(\frac{\varepsilon}{A}\right)}$ (139) ou $m > \dfrac{A(q - 1)}{\varepsilon}$, ce qui est toujours possible. Donc enfin on peut toujours prendre m suffisamment grand pour que l'inégalité (1) soit vérifiée.

D'autre part, si l'on insère également $m - 1$ moyens entre les termes successifs de la progression arithmétique du système, la raison de la progression ainsi formée sera $\dfrac{r}{m}$ et il est évident que l'on peut prendre m assez grand pour que $\dfrac{r}{m}$ se rapproche de zéro autant que l'on veut.

Si maintenant nous posons $q' = \sqrt[m]{q}$ et $r' = \dfrac{r}{m}$, nous aurons le système

$$\div 1 : q' : q'^2 : q'^3 : q'^4 \ldots,$$
$$\div 0 . r' . 2r' . 3r' . 4r' \ldots,$$

dont les progressions se composent l'une et l'autre de termes se succédant à des intervalles très-rapprochés.

Ceci posé, considérons un nombre N plus grand que un. Si ce nombre fait partie de la progression géométrique, c'est-à-dire est une puissance de la raison q', son logarithme est par définition le terme correspondant de la progression arithmétique.

Si N ne fait pas partie de la progression géométrique, il est compris entre deux termes consécutifs de cette progression, et comme ces termes diffèrent l'un de l'autre d'une quantité fort petite, il diffère *à fortiori* de l'un d'eux d'une quantité très-petite, et l'on pourra considérer comme étant son logarithme celui d'un des termes qui le comprennent. On commettra ainsi une erreur qui sera moindre que la raison r' de la progression arithmétique et qui par suite sera fort petite.

On peut donc dire dans tous les cas que le nombre N a un logarithme.

Il peut arriver qu'un nombre A $>$ 1 ne faisant pas partie de la progression géométrique du système considéré puisse être amené à en faire partie par l'insertion d'un nombre suffisant de moyens entre les termes successifs de la progression. Dans ce cas son logarithme est le terme correspondant de la progression obtenue en insérant le même nombre de moyens entre les termes successifs de la progression arithmétique du système. Mais il peut arriver aussi que, quel que soit le nombre de moyens insérés, A ne puisse jamais être amené à faire partie de la progression géométrique. Dans ce cas, on nomme logarithme du nombre A, la limite vers laquelle tendent les logarithmes des termes de la progression géométrique qui comprennent entre eux le nombre A, lorsque ces termes par l'insertion d'un nombre de moyens de plus en plus considérable tendent eux-mêmes vers le nombre A.

11

Nous venons d'établir que tout nombre plus grand que 1 a un logarithme. Nous verrons plus loin (157) comment on assigne des logarithmes aux nombres positifs moindres que 1.

Les nombres négatifs n'ont pas de logarithmes.

Propriétés des logarithmes.

144. Théorème I. — *Le logarithme du produit de deux ou plusieurs nombres est égal à la somme des logarithmes des facteurs.*

Considérons d'abord un produit de deux facteurs ab et supposons que a et b font l'un et l'autre partie de la progression géométrique du système considéré. Ces nombres seront alors des puissances de la raison q, et l'on pourra poser $a = q^m$, $b = q^n$. On déduit de là $ab = q^{m+n}$: le produit ab est donc aussi un terme de la progression géométrique.

Si l'on représente par r la raison de la progression arithmétique correspondante, on aura

$$\log \ a = mr,$$
$$\log \ b = nr,$$
$$\log ab = (m + n)r.$$

Or $(m + n)r$ est la somme de mr et nr, on a donc bien

$$\log ab = \log a + \log b.$$

Supposons maintenant que a et b ne fassent pas partie de la progression géométrique, et soient a', b' les termes de cette progression qui s'approchent le plus par défaut ou par excès de a et b, on aura

$$\log a'b' = \log a' + \log b'.$$

Or a' et b' peuvent différer de a et b de quantités aussi petites que l'on veut, le produit $a'b'$ diffère donc lui-même de ab d'une quantité fort petite, et comme l'égalité qui précède subsiste toujours quelque petites que soient les différences entre $a'b'$ et ab, a' et a, b' et b, on aura encore à la limite

$$\log ab = \log a + \log b.$$

Considérons actuellement un produit de plusieurs facteurs $abcd$.

On peut le décomposer en deux facteurs abc et d ; on a donc

$$\log abcd = \log abc + \log d,$$

mais abc lui-même peut être regardé comme le produit de ab par c, donc

$$\log abc = \log ab + \log c,$$

enfin on a

$$\log ab = \log a + \log b;$$

on déduit aisément de ces égalités

$$\log abcd = \log a + \log b + \log c + \log d,$$

et ainsi de suite, quel que soit le nombre des facteurs du produit considéré.

145. Théorème II. — *Le logarithme du quotient de deux nombres est égal au logarithme du dividende moins le logarithme du diviseur.*

En effet, soit un quotient $\dfrac{a}{b}$ et soit c sa valeur, de $\dfrac{a}{b} = c$ on tire $a = bc$, donc en vertu du théorème précédent

$$\log c + \log b = \log a,$$

d'où

$$\log c \quad \text{ou} \quad \log \frac{a}{b} = \log a - \log b,$$

ce qu'il fallait démontrer.

146. Théorème III. — *Le logarithme d'une puissance d'un nombre est égal au produit du logarithme de ce nombre par l'exposant de la puissance.*

En effet, $a^m = a \times a \times a \ldots \times a.$

Donc $\log a^m = \log a + \log a + \log a + \ldots + \log a,$ ou, comme a est pris m fois comme facteur,

$$\log a^m = m \log a,$$

ce qu'il fallait démontrer.

147. Théorème IV. — *Le logarithme d'une racine d'un nombre est égal au logarithme de ce nombre divisé par l'indice de la racine.*

En effet, $\left(\sqrt[m]{a}\right)^{m} = a$, donc $m \log \sqrt[m]{a} = \log a$, d'où

$$\log \sqrt[m]{a} = \frac{\log a}{m},$$

ce qu'il fallait démontrer.

148. Les théorèmes qui viennent d'être établis donnent le moyen d'abaisser le degré des différentes opérations que présente le calcul. Ainsi lorsqu'on substitue aux nombres leurs logarithmes, une multiplication se remplace par une addition, une division par une soustraction, une élévation à une puissance par une multiplication et une extraction de racine par une division. Il est clair d'ailleurs que pour opérer ainsi il faut avoir à sa disposition une table qui permette étant donné un nombre de trouver son logarithme, et réciproquement étant donné le logarithme d'un nombre de trouver ce nombre. Nous indiquons ci-après la construction et l'usage d'une telle table.

Différents systèmes de logarithmes.

149. Les progressions qui forment un système de logarithmes sont assujetties à la seule condition d'avoir, la progression géométrique pour premier terme l'unité, et la progression arithmétique pour premier terme zéro. — Il existe donc une infinité de systèmes de logarithmes, et le logarithme d'un nombre ne prend de valeur déterminée que si l'on a déterminé les progressions formant le système particulier dont on veut s'occuper.

On nomme *base* d'un système de logarithmes le nombre qui dans ce système a pour logarithme l'unité. Un système de logarithmes est déterminé lorsque sa base b est donnée. En effet, alors on connaît deux termes 1 et b de la progression géométrique et leurs correspondants 0 et 1 de la progression arithmétique. Les deux progressions formant le système sont donc déterminées et par suite aussi le système qu'elles constituent.

150. Théorème. — *Dans tous les systèmes, le rapport des logarithmes de deux nombres est le même.*

Soient A et B deux nombres ; supposons qu'ils fassent partie de la progression géométrique du système et posons

$$A = q^m, \quad B = q^n.$$

Si l'on nomme r, r' les raisons des progressions arithmétiques qui, adjointes l'une et l'autre à la progression géométrique, constituent avec elle deux systèmes différents, on aura

$$\log A = mr, \quad \log B = nr,$$

pour le premier système, et

$$\log' A = mr', \quad \log' B = nr',$$

en désignant par $\log' A$, $\log' B$ les logarithmes de A et B pris dans le second système.

Il résulte de là

$$\frac{\log A}{\log B} = \frac{\log' A}{\log' B},$$

ce qu'il fallait démontrer.

Le théorème est encore vrai lorsque les nombres A et B ne font pas partie de la progression géométrique, car il est vrai pour deux nombres A' et B' qui en font partie et peuvent s'approcher indéfiniment de A et B.

151. Le théorème qui vient d'être démontré donne le moyen, étant donné le logarithme d'un nombre dans un certain système, de trouver la valeur de ce logarithme dans un autre système.

En effet de la relation

$$\frac{\log A}{\log B} = \frac{\log' A}{\log' B}$$

on déduit

$$\log A' = \log A \times \frac{\log' B}{\log B}.$$

Or si l'on suppose que B est la base du second système, on a $\log' B = 1$ et il vient

$$\log' A = \log A \times \frac{1}{\log B}. \qquad (1)$$

Il résulte de cette égalité que pour passer du log A d'un nombre A pris dans un système au log (log' A) du même nombre pris dans un autre système de base B, on n'a qu'à multiplier log A par l'inverse du logarithme de la nouvelle base pris dans le premier système.

Cette quantité $\dfrac{1}{\log B}$ se nomme *le module* du second système par rapport au premier.

152. La relation

$$\log' A = \log A \times \frac{1}{\log B}$$

permet de trouver la base d'un système dans lequel on connaît le logarithme d'un nombre.

En effet, soit log' A = α, la relation donne

$$\alpha \log B = \log A,$$

d'où

$$B^\alpha = A \quad \text{et} \quad B = \sqrt[\alpha]{A}.$$

APPLICATION. — Quelle est la base du système dans lequel le nombre 13 a pour logarithme 7 ?

On a

$$7 = \log 13 \times \frac{1}{\log B},$$

d'où

$$7 \log B = \log 13,$$

et

$$B^7 = 13 \quad \text{d'où} \quad B = \sqrt[7]{13}.$$

REMARQUE. — La relation $B^\alpha = A$ montre que le logarithme d'un nombre n'est autre que l'exposant de la puissance à laquelle il faut élever la base pour reproduire ce nombre. C'est de cette façon que l'on définit les logarithmes dans l'algèbre supérieure.

Logarithmes vulgaires.

153. Les logarithmes que l'on emploie dans les calculs sont ceux du système défini par les deux progressions

$$\div\ 1 : 10 : 100 : 1000 : 10000 : 100000,$$
$$\div\ 0\ .\ 1\ .\ 2\ .\ 3\ .\ 4\ .\ 5.$$

Ce système a donc pour base 10.

Si l'on insère entre les termes successifs de la première progression un nombre très-considérable de moyens et entre les termes de la seconde le même nombre de moyens arithmétiques, on forme deux suites de nombres. Les nombres de la seconde suite sont les logarithmes des nombres correspondants de la première.

154. D'après le choix des progressions qui constituent le système des logarithmes vulgaires, on voit d'abord que le logarithme d'une puissance quelconque de 10 est égal à l'exposant de cette puissance. Les puissances de 10 sont d'ailleurs les seuls nombres qui ont des logarithmes commensurables dans le système à base 10.

En effet, soit un nombre A et supposons qu'il ait un logarithme commensurable que nous représenterons par $\dfrac{m}{n}$, m et n étant des nombres entiers.

De l'égalité $\log A = \dfrac{m}{n}$, on tire $n \log A = m$, d'où

$$A^n = 10^m.$$

Donc A ne peut d'abord renfermer d'autres facteurs premiers que ceux de 10, c'est-à-dire que 2 et 5. Soit donc $A = 2^\alpha \times 5^\beta$, on aura alors $A^n = 2^{\alpha n} \times 5^{\beta n}$, et par suite

$$2^{\alpha n} \times 5^{\beta n} = 10^m = 2^m \times 5^m.$$

Donc $m = \alpha n = \beta n$, d'où $\alpha = \beta$.

Tout nombre A ayant un logarithme commensurable est donc bien une puissance de la base 10.

155. Les logarithmes des nombres autres que les puissances de 10 ont été calculés à moins d'une unité du septième ordre décimal. Ils se composent donc d'une partie entière nommée *caractéristique* et d'une partie décimale.

La caractéristique peut être déterminée *à priori* : elle est égale au nombre des chiffres de la partie entière du nombre, diminué de un.

En effet, soit A un nombre renfermant n chiffres à sa partie entière. Ce nombre est alors compris entre 10^{n-1} qui est le plus petit nombre de n chiffres et 10^n ; donc son logarithme est compris entre $n-1$ et n ; il a par suite $n-1$ pour caractéristique.

156. Lorsque l'on multiplie ou divise un nombre par une puissance de 10, le logarithme de ce nombre augmente ou diminue d'autant d'unités qu'il y en a dans l'exposant de la puissance de 10.

En effet, on a

$$\log (A \times 10^n) = \log A + \log 10^n = \log A + n.$$

de même,

$$\log \frac{A}{10^n} = \log A - \log 10^n = \log A - n.$$

Il résulte de là que les logarithmes des nombres qui ne diffèrent que par la position de la virgule ont la même partie décimale et ne diffèrent ainsi que par la caractéristique.

Caractéristiques négatives.

157. Dans ce qui précède nous n'avons assigné de logarithmes qu'aux nombres plus grands que un. Nous allons indiquer comment on en attribue aux nombres positifs moindres que l'unité.

Soit A un nombre positif moindre que 1, nous pouvons toujours supposer que ce nombre est exprimé en décimales. Ceci posé, imaginons qu'on le multiplie par une puissance de 10 telle que la virgule se reporte à la droite du premier chiffre significatif de sa partie décimale, et soit n cette puissance.

Le nombre $A \times 10^n$ sera alors compris entre 1 et 10 et son logarithme aura pour caractéristique zéro. Or si pour retrouver A, l'on divise le nombre $(A \times 10^n)$ par 10^n, le logarithme de $(A \times 10^n)$ diminue de n unités. On se trouve alors en présence d'une soustraction impossible, mais *on convient* de l'opérer dans le sens dans lequel elle est possible et de considérer le nombre négatif qui résulte de l'opération comme étant le logarithme du nombre A.

Pour la commodité des calculs, on indique simplement la soustraction en la faisant porter sur la caractéristique que l'on surmonte du signe —. Ainsi le log de $(A \times 10^n)$ étant par exemple 0,4267854, on a *par convention*

$$\log A = \overline{n},4267854.$$

Il ne faut pas d'ailleurs perdre de vue qu'une telle expression signifie

$$\log A = 0,4267854 - n.$$

Il est aisé de voir que l'exposant n de la puissance de 10 par laquelle il faut multiplier le nombre pour amener la virgule à la droite du premier chiffre significatif décimal est égal au nombre qui marque le rang de ce chiffre à partir de la virgule. Cette remarque permet de déterminer *à priori* la caractéristique négative du logarithme d'un nombre moindre que 1.

EXEMPLES. — Le logarithme de 0,56 a pour caractéristique $\overline{1}$; celui de 0,056 a pour caractéristique $\overline{2}$; celui de 0,0056, $\overline{3}$ et ainsi de suite.

158. Les nombres positifs moindres que 1 ayant des logarithmes qu'on leur assigne par convention, il importe de démontrer que la propriété fondamentale est encore vraie pour ces logarithmes.

Nous allons donc prouver que a et b étant des nombres positifs moindres que 1, on a toujours

$$\log ab = \log a + \log b.$$

Soient $a \times 10^m$ et $b \times 10^n$ deux nombres compris chacun entre 1 et 10 : on aura

$$\log (a \times 10^m) = 0,\alpha \quad \text{et} \quad \log (b \times 10^n) = 0,\beta,$$

α et β désignant les parties décimales de ces logarithmes.

Par convention, on a

$$\log a = 0,\alpha - m \quad \text{et} \quad \log b = 0,\beta - n,$$

donc

$$\log a + \log b = 0,\alpha + 0,\beta - (m + n).$$

D'un autre côté, $(a \times 10^m)$ et $(b \times 10^n)$ étant plus grands que 1, on a

$$\log \left[(a \times 10^m)(b \times 10^n) \right] = \log (a \times 10^m) + \log (b \times 10^n),$$

donc

$$\log \left[(a \times 10^m)(b \times 10^n) \right] = 0,\alpha + 0,\beta.$$

Or, par convention, on a

$$\log ab = \log \left[(a \times 10^m)(b \times 10^n) \right] - (m + n),$$

donc

$$\log ab = 0,\alpha + 0,\beta - (m + n).$$

Mais cette valeur est précisément celle de

$$\log a + \log b,$$

donc enfin

$$\log ab = \log a + \log b.$$

Le théorème relatif au logarithme d'un produit étant vrai pour les logarithmes attribués aux nombres positifs moindres que 1, les théorèmes relatifs au logarithme d'un quotient, d'une puissance et d'une racine sont également vrais pour ces logarithmes.

Disposition et usage des tables de logarithmes.

159. Nous indiquerons comme tables de logarithmes, les tables de Callet et celles de Dupuis. Les tables de Callet donnent les logarithmes des nombres de 1 à 1200 avec 8 décimales, de 1020 à 100000 avec 7 décimales et enfin de 100000 à 108000 avec 8 décimales. Les tables de Dupuis donnent les logarithmes des nombres de 1 à 100000 avec 7 décimales. Elles diffèrent de celles de Callet par quelques modifications de détail qui en rendent l'usage plus commode et permettent d'apporter dans les calculs une approximation un peu plus grande. Dans ces tables comme aussi dans celles de Callet on n'a inscrit que la partie décimale des logarithmes des nombres, la caractéristique se déterminant comme nous l'avons vu, *à priori*.

Nous indiquerons la disposition des tables de Dupuis ainsi que leur usage, lequel est d'ailleurs très-sensiblement le même que celui des tables de Callet.

Disposition des tables. — Les deux premières pages contiennent les logarithmes des nombres de 1 à 1000. La première colonne à gauche intitulée N renferme la suite naturelle des nombres depuis 1 jusqu'à 99, le chiffre des dizaines n'étant inscrit qu'une fois. La seconde colonne, marquée o, contient les six dernières décimales des logarithmes de ces nombres ; pour avoir la première décimale, il faut prendre le chiffre isolé qui se trouve le plus rapproché à gauche en montant. L'ensemble des colonnes marquées N et o permet d'obtenir les logarithmes des nombres 100, 110, 120, ..., 990, 1000. On a les logarithmes des nombres intermédiaires à l'aide des colonnes marquées 1, 2, 3, ... 9. Ces colonnes contiennent les 6 dernières décimales des logarithmes des nombres terminés par les chiffres qui sont en tête ; la première décimale est donnée par le chiffre isolé qui se trouve le plus proche à gauche en montant dans la colonne o, sauf le cas où les six dernières décimales sont précédées d'une étoile : dans ce cas on prend pour premier chiffre celui de la ligne au-dessous.

Ainsi

$$\log \ 9 = 0,9542425,$$
$$\log \ 256 = 2,4082400,$$
$$\log \ 705 = 2,8481891.$$

Dans les pages qui suivent les deux premières, la colonne N renferme la suite naturelle des nombres depuis 1000 jusqu'à 9999 ; on n'a écrit les trois premiers chiffres de ces nombres que de 10 en 10. La colonne o contient les 4 dernières décimales des logarithmes de ces nombres ; on a les trois premières en prenant les nombres isolés de trois chiffres les plus rapprochés à gauche en montant dans la colonne o.

L'ensemble des colonnes N et o donne les logarithmes des nombres se succédant de 10 en 10, de 10000 à 100000. Pour trouver les logarithmes des nombres intermédiaires, on se sert des colonnes marquées 1, 2, 3, ... 9. Ces colonnes contiennent les 4 dernières décimales des logarithmes des nombres terminés par les chiffres placés en tête. On a les 3 premières décimales de ces logarithmes en prenant les nombres isolés de 3 chiffres qui se trouvent les plus rapprochés en montant dans la colonne o, sauf le cas où le groupe des 4 dernières décimales se trouve marqué une étoile : on doit prendre alors pour les 3 premiers chiffres ceux de la ligne immédiatement au-dessous.

La dernière colonne intitulée Diff. et p. p. contient les différences des logarithmes des nombres successifs et les parties proportionnelles de ces différences.

Usage des tables. — Problème I. — *Étant donné un nombre, trouver son logarithme.*

1º Le nombre donné, abstraction faite de la virgule, est inférieur à 100000.

Exemple I. — Chercher le logarithme de 342,56.

On cherche dans la colonne intitulée N le nombre 3425 formé par les quatre premiers chiffres du nombre proposé et l'on suit la colonne horizontale dont fait partie 3425 jusqu'à la rencontre de la colonne marquée 6. On arrive ainsi au nombre 7366, lequel précédé du nombre isolé 534 que l'on trouve le plus proche en montant dans la colonne o donne 5347366 qui est la partie décimale du log cherché. D'ailleurs la caractéristique est 2 puisque le nombre 342,56 a deux chiffres entiers, on a donc

$$\log 342{,}56 = 2{,}5347366.$$

Exemple II. — Chercher le log de 0,054178.

On trouve en suivant la même marche que ci-dessus, 7338230 pour la partie décimale du log cherché, et comme la caractéristique est ici $\overline{2}$,(157), on a

$$\log 0{,}054178 = \overline{2}{,}7338230.$$

2º Le nombre, abstraction faite de la virgule, est supérieur à 100000.

Exemple I. — Chercher le logarithme de 82,51754287.

On sépare sur la gauche du nombre les cinq premiers chiffres et l'on opère comme si le nombre donné était 82517,54287. On cherche comme dans les exemples précédents la partie décimale du logarithme de 82517, laquelle est 9165434. On cherche ensuite la différence entre le logarithme de 82517 et celui du nombre suivant 82518, laquelle est 53 unités du septième ordre décimal. Or, lorsque les nombres s'accroissent de quantités moindres que 1, on peut regarder leurs accroissements comme sensiblement proportionnels à ceux de leurs logarithmes, on devra donc pour tenir compte de la partie négligée 0,54287 ajouter à la partie décimale 9165434 le produit de 53 par 0,54287, ce produit exprimant des unités du septième ordre décimal.

La table inscrite dans la colonne intitulée Diff. et p. p. dispense de faire le produit. En effet, cette table donne tout calculés les produits de 53 par 0,1, 0,2, 0,3 ... 0,9. On n'aura donc qu'à prendre la valeur des produits de 53 par 0,5, par 0,04 et par 0,002 et qu'à ajouter ces produits à 9165434 pour avoir le logarithme demandé.

On dispose les calculs comme il suit :

Pour 82517 9165434
Pour   0,5 26,5
Pour   0,04. 2,12
Pour   0,002 0,106

$$\log 82{,}51754287 = 1{,}9165463$$

On ne conserve que sept décimales et si le chiffre qui suit le dernier est supérieur à 5 (ce qui arrive ici) on force ce dernier chiffre d'une unité. On ne tient compte que des huit premiers chiffres du nombre donné, les suivants n'ayant pas d'influence sur la partie décimale du logarithme que l'on cherche.

Exemple II. — Chercher le logarithme de 0,00075686783.

En suivant la marche indiquée dans l'exemple précédent, on a

Pour 75686 8790156
Pour   0,7 59,9
Pour   0,08. 4,56
Pour   0,003 0,171

$$\log 0{,}00075686783 = \overline{4}{,}8790201$$

Problème II. — *Étant donné le logarithme d'un nombre, trouver ce nombre.*

1° La partie décimale du logarithme donné se trouve dans la table.

Exemple. — Log $x = 2{,}9803443$, trouver x.

On trouve dans la table que le log ayant 9803443 pour partie décimale est 95575, donc comme la caractéristique du log donné est 2, on a

$$x = 955{,}75.$$

2° La partie décimale du logarithme donné ne se trouve pas dans la table.

EXEMPLE I. — Log $x = 3,8028301$, trouver x.

On cherche dans la table le logarithme qui s'approche le plus par défaut du log donné et l'on trouve 8028284 correspondant au nombre 63508. La différence entre ce log et le log donné est 17 et la différence tabulaire est 69. On dira donc, en supposant comme on l'a déjà fait, que les accroissements des nombres sont proportionnels à ceux de leurs logarithmes : Si le nombre augmente de 1 lorsque son log augmente de 69 unités du septième ordre, il augmentera de $\frac{17}{69}$ lorsque son log augmente de 17 de ces unités.

On devra donc écrire à la suite de 63508 le quotient de 17 par 69, mais on n'aura pas besoin de faire la division en se servant de la petite table inscrite au-dessous du nombre 69 dans la colonne Diff. et p. p. Le calcul se dispose alors comme il suit :

$$
\begin{array}{llll}
\text{Log } x = 3,8028301 \\
\text{Pour} \quad\quad 8028284. & . \ . \ ; & 63508 \\
\hline
\quad\quad\quad\quad 17 \\
\quad\quad\quad\quad 13,8. & . \ ; & \quad\quad 2 \\
\hline
\quad\quad\quad\quad 32 \\
\quad\quad\quad\quad 27,6 \ . \ . & & \quad\quad 4 \\
\hline
\quad\quad\quad x = & & 6350,824
\end{array}
$$

EXEMPLE II. — Log $x = \overline{3},6751417$, trouver x.

$$
\begin{array}{llll}
\text{Log } x = \overline{3},6751417 \\
\text{Pour} \quad\quad 6751365. & . \ . & 47330 \\
\hline
\quad\quad\quad\quad 52 \\
\quad\quad\quad\quad 46. & . \ . & \quad\quad 5 \\
\hline
\quad\quad\quad\quad 60 \\
\quad\quad\quad\quad 55,2 \ . & . & \quad\quad 6 \\
\hline
\quad\quad\quad x = & 0,004733056.
\end{array}
$$

On s'arrête toujours au septième chiffre, attendu que les tables ne comportent pas une plus grande approximation.

Calcul logarithmique.

160. Pour appliquer les logarithmes au calcul, il faut d'abord traduire en logarithmes l'expression dont on veut déterminer la valeur. Cette traduction se fait en utilisant les théorèmes établis plus haut (144-147).

EXEMPLES. — 1° *Traduire en logarithmes l'expression*

$$x = \frac{25 \times 0,07 \times 518}{144 \times 2,25}.$$

On a

$$\log x = \log 25 + \log 0,07 + \log 518 - (\log 144 + \log 2,25)$$

ou

$$\log x = \log 25 + \log 0,07 + \log 518 - \log 144 - \log 2,25$$

2° *Traduire en logarithmes l'expression*

$$x = \sqrt[7]{\frac{325^3 \times 14}{1537}}.$$

On a

$$\log x = \frac{1}{7}\left(2 \log 325 + \log 14 - \log 1537\right).$$

3° *Traduire en logarithmes l'expression*

$$x = \left(\sqrt[5]{\frac{328 \times \sqrt{17}}{32 \times 512^4}}\right)^3.$$

On a

$$\log x = \frac{3}{5}\left(\log 328 + \frac{1}{2} \log 17 - \log 32 - 4 \log 512\right).$$

161. Nous donnerons maintenant quelques exemples de calcul logarithmique.

EXEMPLE I. — *Calculer l'expression*

$$x = \frac{428,567 \times 0,256 \times 0,0617492}{65,245 \times 0,00748 \times 0,172}. \tag{1}$$

Traduisant en logarithmes, on a

$$\log x = \log 428{,}567 + \log 0{,}256 + \log 0{,}0617492 - (\log 65{,}245 + \log 0{,}00748 + \log 0{,}172).$$

$$
\begin{array}{ll}
\log 428{,}567 = 2{,}6320187 & \quad \log 65{,}245 = 1{,}8145472 \\
\log 0{,}256 = \bar{1}{,}4082400 & \quad \log 0{,}00748 = \bar{3}{,}8759016 \\
\log 0{,}0617492 = \bar{2}{,}7906313 & \quad \log 0{,}172 = \bar{1}{,}2355284 \\
\hline
0{,}8308900 & \qquad\qquad 2{,}9239772 \\
\bar{2}{,}9239772 & \\
\hline
\log x = \bar{1}{,}9069128 &
\end{array}
$$

$$x = 80{,}7073.$$

Il est avantageux dans les calculs de cette espèce, d'obtenir le résultat au moyen d'une seule addition. On y arrive comme il va être indiqué.

L'expression (1) peut se traduire en logarithmes de la façon suivante :

$$\log x = \log 428{,}567 + \log 0{,}256 + \log 0{,}0617492 - \log 65{,}245$$
$$- \log 0{,}00748 - \log 0{,}172.$$

Or on a

$$-\log 65{,}245 = -1{,}8145472 = -1 - 0{,}8145472 + 1 - 1 = \bar{2} + (1 - 0{,}8145472),$$

et effectuant la parenthèse,

$$-\log 65{,}245 = \bar{2}{,}1854528.$$

De même

$$-\log 0{,}00748 = -(\bar{3}{,}8739016) = 3 - 0{,}8739016 + 1 - 1 = 2 + (1 - 0{,}8739016),$$

d'où effectuant la parenthèse,

$$-\log 0{,}00748 = 2{,}1260984.$$

Enfin on trouve par un procédé analogue

$$-\log 0{,}172 = 0{,}7644716.$$

Le calcul à l'aide duquel on obtiendra la valeur de x pourra dès lors se disposer comme il suit :

$$\log 428,567 = 2,6320187$$
$$\log 0,256 = \overline{1},4082400$$
$$\log 0,0617492 = \overline{2},7906313$$
$$- \log 65,245 = \overline{2},1854528$$
$$- \log 0,00748 = 2,1260984$$
$$- \log 0,172 = 0,7644716$$
$$\log x = \overline{1},9069128$$
$$x = 80,7073.$$

Règle. — Toutes les fois qu'on aura à retrancher un loga-rithme d'un nombre, on devra prendre ce logarithme avec le signe *moins*, et ajouter au nombre le résultat trouvé (*).

Pour prendre un logarithme avec le signe *moins*, on ajoute à sa caractéristique une unité positive et l'on change de signe le résultat. Puis on retranche de 9 chacun des chiffres de la partie décimale sauf le dernier chiffre significatif à droite que l'on retranche de 10. C'est ce qu'on nomme prendre le complé-ment de la partie décimale par rapport à 1. Le complément d'un nombre par rapport à 1 est ce qu'il faut lui ajouter pour faire 1.

Cette règle résulte des calculs de l'exemple qui vient d'être traité. On peut d'ailleurs la déduire du raisonnement sui-vant :

Soit $\log A = m, \alpha$ (α représentant la partie décimale et m la caractéristique), on a

$$- \log A = - m - 0,\alpha.$$

Or on a identiquement

$$- m - 0, \alpha = - m - 0, \alpha + 1 - 1, = - (m + 1) + (1 - 0,\alpha).$$

Donc enfin

$$- \log A = - (m + 1) + (1 - 0, \alpha),$$

ce qui démontre la règle énoncée.

Exemple II. — *Calculer l'expression*

$$x = \sqrt[11]{0,04195}.$$

Traduisant en logarithmes, on a

(*) On nomme ce résultat *cologarithme*. Ainsi 0,7644716 est le colo-garithme de 0,172.

$$x = \frac{5 \log 0,0419}{11}.$$

Or log 0,0419 = $\overline{2}$,6222140.

Donc, 5 log 0,0419 = $\overline{7}$,1110700.

Et log $x = \dfrac{\overline{7},1110700}{11}.$

Pour effectuer la division par 11, nous ajouterons à la carac-téristique $\overline{7}$ le plus petit nombre d'unités négatives nécessaire pour que le résultat soit divisible par 11, c'est-à-dire — 4, et pour ne pas troubler la valeur du nombre, nous ajouterons en même temps 4 à sa partie décimale, nous aurons ainsi

$$\log x = \frac{\overline{11} + 4,1110700}{11},$$

et divisant séparément par 11 les deux parties du numérateur, il viendra

$$\log x = \overline{1},3737336,$$
$$x = 0,2364468.$$

En général, lorsqu'on a à diviser par un nombre un loga-rithme à caractéristique négative, il faut ajouter à cette carac-téristique le plus petit nombre d'unités négatives nécessaire pour la rendre exactement divisible par le diviseur, et ajouter en même temps ce même nombre d'unités positives à la partie décimale. On effectue ensuite séparément la division sur la partie négative et sur la partie positive.

EXEMPLE III. — *Résoudre l'équation*

$$(0,06971)^x = 0,00856.$$

Traduisant en logarithmes, il vient

$$x \log 0,06971 = \log 0,00856,$$

d'où

$$x = \frac{\log 0,00856}{\log 0,06971} = \frac{\overline{3},9324738}{\overline{2},8432951}.$$

Pour faire la division indiquée, on remarque que

$$\overline{3},9324738 = -3 + 0,9324738 = -2,0675262,$$
$$\overline{2},8432951 = -2 + 0,8432951 = -1,1567049.$$

Donc en changeant les signes

$$x = \frac{2,0675262}{1,1567049}.$$

On n'a donc plus pour trouver x qu'à effectuer la division ou qu'à opérer au moyen des logarithmes, car

$$\log x = \log 2,0675262 - \log 1,1567049.$$

Il résulte de cet exemple que pour diviser l'un par l'autre deux logarithmes à caractéristiques négatives, on les amène tous deux au préalable à être entièrement négatifs et l'on change leurs signes. On se trouve ainsi ramené à une division ordinaire.

Remarque. — L'équation $(0,06971)^x = 0,00856$ dans laquelle l'inconnue est en exposant se nomme *équation exponentielle*.

Résumé. — Les exemples qui viennent d'être traités comprennent les différents cas qui peuvent se présenter dans le calcul logarithmique. On aura soin dans ce calcul, toutes les fois que l'on aura une **soustraction à faire, d'y** substituer une addition en prenant le logarithme à soustraire avec le signe *moins*. En outre, il ne faut jamais perdre de vue qu'un logarithme à caractéristique négative représentant sa partie décimale moins sa caractéristique (ainsi $2,5171415 = 0,5171415 - 2$ ou encore $= -2 + 0,5171415$), on doit soumettre ces logarithmes aux règles du calcul algébrique telles qu'elles ont été établies dans le premier chapitre.

Intérêts composés.

162. On dit qu'une somme est placée à intérêts composés lorsque chaque année l'intérêt s'ajoute au capital pour porter lui-même intérêt l'année suivante.

163. Problème. — *Trouver ce que devient au bout de* n *années un capital* a *placé à intérêts composés au taux de* r *pour un franc.*

Il résulte de l'énoncé qu'un franc devient au bout d'un an, étant joint à ses intérêts, $1 + r$; donc a^l deviennent au bout d'un an

$$a(1 + r),$$

ce qui montre que pour avoir la valeur que prend un capital joint à ses intérêts au bout d'une année, il suffit de multiplier ce capital par la quantité $(1 + r)$.

De là résulte que le capital qui vaut $a(1 + r)$ au commencement de la seconde année vaudra $a(1 + r)^2$ à la fin de cette année, puis $a(1 + r)^3$ à la fin de la troisième année et ainsi de suite. Donc en nommant A la valeur que possède le capital à la fin de la $n^{ième}$ année, on a

$$A = a(1 + r)^n. \qquad (1)$$

Cette formule contient quatre quantités et permet de déterminer l'une d'elles lorsque l'on connaît les trois autres.

Ainsi la traduisant en logarithmes, on a

$$\log A = \log a + n \log (1 + r),$$

D'où l'on tire suivant que l'on veut trouver a, r ou n :

$$\log a = \log A - n \log (1 + r),$$
$$\log (1 + r) = \frac{\log A - \log a}{n},$$
$$n = \frac{\log A - \log a}{\log (1 + r)}.$$

164. La formule (1) suppose que le capital a est resté placé pendant un nombre entier d'années. Supposons maintenant qu'il soit resté placé pendant n années, plus une fraction f d'année et proposons-nous de chercher ce qu'il est devenu au bout de ce temps.

Au bout de n années, le capital a pris la valeur $a(1 + r)^n$: pendant la fraction f d'année cette somme $a(1 + r)^n$ rapporte des intérêts simples dont la valeur est $a(1 + r)^n rf$. On a donc en nommant A la valeur du capital au bout du temps total

$$A = a(1 + r)^n + a(1 + r)^n rf,$$

ou

$$A = a(1 + r)^n (1 + rf). \qquad (2)$$

Cette formule est la plus générale. On en déduit la formule (1) en y faisant $f = 0$.

Traduite en logarithmes, elle donne

$$\log A = \log a + n \log (1 + r) + \log (1 + rf). \qquad (3)$$

Lorsque l'on donne A, r, n et f, on peut tirer aisément la valeur de a, car on a

$$\log a = \log A - n \log (1 + r) - \log (1 + rf).$$

165. Supposons le temps inconnu : on tire de la relation (3)

$$\frac{\log A - \log a}{\log (1 + r)} = n + \frac{\log (1 + rf)}{\log (1 + r)}.$$

Si l'on représente par q le quotient de la division de $\log A - \log a$ par $\log (1 + r)$ et par R le reste, on aura

$$\frac{\log A - \log a}{\log (1 + r)} = q + \frac{R}{\log (1 + r)}.$$

Donc

$$n + \frac{\log (1 + rf)}{\log (1 + r)} = q + \frac{R}{\log (1 + r)},$$

ce qui peut s'écrire

$$q = n + \frac{\log (1 + rf)}{\log (1 + r)} - \frac{R}{\log (1 + r)}.$$

Le premier membre de cette dernière égalité étant un nombre entier, le second membre doit être aussi un nombre entier et comme les quantités qui accompagnent le terme entier n sont des fractions proprement dites, ces quantités sont nécessairement égales, ce qui donne

$$R = \log (1 + rf).$$

Ainsi en divisant $\log A - \log a$ par $\log (1 + r)$, la partie entière du quotient donne le nombre entier d'années et le reste de la division est le log de $1 + rf$.

On en tire aisément ensuite la valeur de f.

APPLICATION. — *Un capital de 7872 francs placé à 5 pour 100 est devenu 12328 francs : combien de temps ce capital est-il resté placé ?*

$$\text{Log } A = \log 12328 = 4,0908926.$$
$$\text{Log } a = \log \ \ 7872 = 3,8960851.$$
$$\text{Log } (1 + r) = \log 1,05 = 0,0211893.$$

$$\frac{\log A - \log a}{\log (1 + r)} = \frac{0,1948075}{0,0211893} = 9 + \frac{0,0041038}{0,0211893}.$$

Donc déjà $n = 9$.

$\text{Log} (1 + f \times 0{,}05) = 0{,}0041038$, d'où $1 + f \times 0{,}05 = 1{,}00949$,

et
$$f = \frac{0{,}00949}{0{,}05} = 0{,}189.$$

Réduisant la fraction en jours en la multipliant par 360, on trouve 68.

Ainsi le temps demandé est 9 ans, 2 mois, 8 jours.

166. Lorsque le taux r est inconnu, et que le temps se compose d'un certain nombre d'années plus une fraction d'année, on obtient r à l'aide d'une méthode dite *des approximations successives*.

De la relation (3) on tire

$$\log (1 + r) = \frac{\log \mathrm{A} - \log a}{n} - \frac{\log (1 + rf)}{n} . \qquad (4)$$

Si l'on néglige le terme $\dfrac{\log (1 + rf)}{n}$, on pourra déterminer la valeur de r, mais le nombre obtenu ainsi sera évidemment trop grand. En le nommant α on aura donc $\alpha > r$.

En remplaçant r par α dans le second membre de la relation (4) on aura une quantité moindre que la vraie valeur de $\log (1 + r)$. En effectuant les calculs, on obtiendra par suite pour r un nombre $\beta < r$.

Remplaçant r par la valeur plus petite β dans le second membre de la relation (4) on obtiendra en effectuant les calculs une quantité $\alpha' > r$.

Cette quantité α' mise à la place de r permettra de trouver une quantité $\beta' < r$ et ainsi de suite.

On aura donc ainsi des valeurs alternativement plus grandes et plus petites que r, mais allant en s'en approchant de telle sorte que les chiffres communs à deux de ces valeurs appartiendront à la véritable valeur de r que l'on pourra ainsi obtenir avec une approximation déterminée.

Annuités.

167. On nomme *annuité* une somme constante que l'on paie à des intervalles de temps égaux, ordinairement chaque année, pour éteindre une dette.

168. Problème. — *Trouver la somme constante qu'il faut payer chaque année pendant* n *années pour éteindre une dette* A.

Soit *a* la somme demandée et supposons que le taux de l'intérêt soit *r* pour un franc.

La première annuité *a*, payée au bout d'un an, équivaut à une somme $a(1+r)^{n-1}$ qu'on aurait payée seulement au bout de *n* années ; de même la seconde annuité, payée au bout de 2 ans, équivaut à une somme $a(1+r)^{n-2}$ qu'on aurait payée au bout de *n* années ; de même encore, la troisième annuité équivaut à une somme $a(1+r)^{n-3}$ payée au bout de *n* années et ainsi de suite.

Les *n* annuités équivalent donc à la somme

$$a(1+r)^{n-1} + a(1+r)^{n-2} + a(1+r)^{n-3} + \ldots + a(1+r) + a,$$

qu'on aurait payée au bout de *n* années.

Or si l'on s'acquittait de la somme empruntée **A**, en payant seulement au bout de *n* années, il faudrait donner $A(1+r)^n$, donc on doit avoir

$$a(1+r)^{n-1} + a(1+r)^{n-2} + a(1+r)^{n-3} + \ldots + a(1+r) + a = A(1+r)^n.$$

Le premier membre de cette égalité est la somme des termes d'une progression géométrique ayant *a* pour premier terme et $(1+r)$ pour raison. On a donc en appliquant la formule

$$S = \frac{a(q^n - 1)}{q - 1}$$

$$\frac{a[(1+r)^n - 1]}{r} = A(1+r)^n, \qquad (1)$$

on tire de là

$$a = \frac{Ar(1+r)^n}{(1+r)^n - 1}. \qquad (2)$$

Cette formule traduite en logarithmes donne

$$\log a = \log A + \log r + n \log (1 + r) - \log \left[(1 + r)^n - 1 \right].$$

On devra calculer à part la quantité $(1 + r)^n - 1$. Pour cela on prendra n fois le logarithme de $1 + r$, on cherchera le nombre correspondant et l'on en retranchera l'unité.

169. Discussion de la formule des annuités. — Si dans la formule (2) on suppose n infiniment grand, la valeur de a prend la forme $\frac{\infty}{\infty}$. Pour lever cette indétermination qui est évidemment apparente, on divise les deux termes de l'expression par $(1 + r)^n$ et l'on a ainsi

$$a = \frac{Ar.}{1 - \dfrac{1}{(1 + r)^n}}.$$

Faisant alors n infini $\dfrac{1}{(1 + r)^n}$ devient égal à zéro et l'on a

$$a = Ar.$$

Il est aisé de voir que Ar n'est autre que l'intérêt simple de la somme A.

Or, si l'on paie chaque année seulement l'intérêt de la dette, on ne s'acquittera jamais, ou en d'autres termes, il faudra un nombre infini d'années pour s'acquitter. Le résultat trouvé était donc facile à prévoir.

Le cas qui vient d'être examiné est celui des rentes perpétuelles.

Supposons maintenant $r = 0$ et introduisons cette hypothèse dans la formule (2). La valeur de a prendra la forme $\frac{0}{0}$ et l'indétermination est évidemment apparente, car on voit à priori que l'intérêt étant supposé nul, l'annuité nécessaire pour payer la dette A en n années est $\dfrac{A}{n}$.

L'indétermination est due ici à la présence aux deux termes de la valeur de a du facteur $(1 + r) - 1$, présence que l'on peut mettre en évidence en écrivant la formule (2) comme il suit :

$$a = \frac{A[(1+r)-1](1+r)^n}{(1+r)^n - 1}.$$

Divisant les deux termes par $(1+r)-1$, il vient

$$a = \frac{A(1+r)^n}{(1+r)^{n-1}+(1+r)^{n-2}+\ldots+(1+r)+1};$$

si maintenant on fait $r = 0$, on a

$$a = \frac{A}{n}$$

qui donne la valeur de l'annuité dans le cas actuel.

170. Lorsque le temps est inconnu dans une question d'annuités, on tire de la formule (1) successivement

$$a(1+r)^n - a = Ar(1+r)^n,$$
$$(a - Ar)(1+r)^n = a,$$
$$\log(a - Ar) + n\log(1+r) = \log a,$$
$$n = \frac{\log a - \log(a - Ar)}{\log(1+r)}.$$

Dans le cas particulier où l'on donne $a = Ar$, la formule devient

$$n = \frac{\log a - \log 0}{\log(1+r)}.$$

Or $\log 0 = -\infty$, donc on trouve $n = \infty$, résultat qu'il était facile de prévoir puisque Ar est l'intérêt de la somme A.

171. Applications. — *1° Quelle annuité doit-on payer pour éteindre en 10 ans une dette de* $17683^f,35$, *le taux de l'intérêt étant 5 pour 100 ?*

On a

$$\log a = \log A + \log r + n\log(1+r) - \log[(1+r)^n - 1],$$
$$\log A = \log 17683,35 = 4,2475645,$$
$$\log r = \log 0,05 = \bar{2},6989700,$$
$$\log(1+r) = \log 1,05 = 0,0211893.$$

$$Calcul\ de\ (\mathbf{1} + r)^n - \mathbf{1}.$$

$$10 \log 1,05 = 0,2118930$$
$$1,05^{10} = 1,628894$$
$$1,05^{10} - 1 = 0,628894$$
$$\log (1,05^{10} - 1) = \overline{1},7985774.$$

$$Calcul\ de\ a.$$

$$\log A = 4.2475645$$
$$\log r = \overline{2},6989700$$
$$10 \log (1 + r) = 0,2118930$$
$$- \log \left[(1 + r)^n - 1\right] = 0,2014226$$
$$\log a = \overline{3},3598501$$
$$a = \quad 2290^f,07.$$

Le montant de l'annuité à payer est donc 2290f,07.

2° *On doit payer 2000 francs chaque année pendant 12 ans. Quelle somme faut-il payer dans 4 ans pour remplacer ces annuités, le taux étant 5 pour 100.*

On aura la somme que les 12 annuités sont destinées à rembourser en tirant A de la formule (1). Il vient ainsi

$$A = \frac{a\left[(1 + r)^n - 1\right]}{r(1 + r)^n}.$$

Ici $a = 2000$, $n = 12$ et $r = 0,05$, donc

$$A = \frac{2000\,(1,05^{12} - 1)}{0,05\,(1,05)^{12}}.$$

Cette somme A vaudra dans 4 ans

$$\frac{2000\,(1,05^{12} - 1)}{0,05 \times 1,05^{12}} \times 1,05^4.$$

Supprimant le facteur $1,05^4$, et désignant par x la somme demandée, on aura

$$x = \frac{2000\,(1,05^{12} - 1)}{0,05 \times 1,05^8}$$

d'où

$$\log x = \log 2000 + \log (1,05^{12} - 1) - \log 0,05 - 8 \log 1,05.$$

Calcul de $1,05^{12} - 1$.

$$12 \log 1,05 = 0,2542716$$
$$1,05^{12} = 1,795856$$
$$1,05^{12} - 1 = 0,795856.$$

Calcul de x.

$$\log 2000 = 3,3010300$$
$$\log 0,795856 = \overline{1},9008345$$
$$- \log 0,05 = 1,3010300$$
$$- 8 \log 1,05 = 1,8304856$$
$$\log x = \overline{4,3333801}$$
$$x = 21546^f,66.$$

La somme à payer dans 4 ans vaut donc $21546^f,66$.

Accumulation de capitaux.

172. Problème. — *Une personne place chaque année une somme a au taux de r pour un franc : que possède-t-elle au bout de n années, capitaux et intérêts réunis ?*

Le premier placement a vaut au bout de n années $a(1 + r)^n$; le second placement vaut au bout du même temps $a(1 + r)^{n-1}$, le troisième vaut $(1 + r)^{n-2}$ et ainsi de suite. Le dernier placement, c'est-à-dire celui effectué un an avant l'expiration des n années, vaut $a(1 + r)$. La somme que possède la personne au bout des n années est donc

$$a(1 + r)^n + a(1 + r)^{n-1} + a(1 + r)^{n-2} + \ldots + a(1 + r).$$

Cette expression est la somme des termes d'une progression géométrique ayant pour premier terme $a(1 + r)$ et pour raison $(1 + r)$. On aura donc en appliquant la formule $S = \dfrac{a(q^n - 1)}{q - 1}$ et en nommant A la somme demandée

$$A = \frac{a(1 + r)\left[(1 + r)^n - 1\right]}{r}.$$

APPENDICE

Calcul des radicaux.

1. La $m^{ième}$ puissance d'une expression algébrique est le produit de m facteurs égaux à cette expression. Il résulte de là, d'après les règles de la multiplication, que :

1° *On élève un produit de facteurs à une certaine puissance, en élevant à cette puissance chacun des facteurs du produit ;*

2° *On élève un quotient à une certaine puissance, en élevant à cette puissance le dividende et le diviseur ;*

3° *On élève une puissance d'une expression algébrique à une certaine puissance, en élevant l'expression à une puissance marquée par le produit des deux exposants.*

2. On nomme *racine* $m^{ième}$ d'une expression algébrique toute autre expression qui, élevée à la puissance m, reproduit l'expression proposée. La racine $m^{ième}$ d'une expression algébrique peut avoir plusieurs valeurs : ainsi par exemple la racine carrée de a^2 vaut $+a$ et aussi $-a$. On entend par *valeur arithmétique* d'un radical $\sqrt[m]{a}$, a représentant une quantité positive, la quantité positive dont la $m^{ième}$ puissance reproduit a. Dans tout ce qui va suivre, nous ne considérerons que les valeurs arithmétiques des radicaux.

3. Théorème. — *La valeur d'un radical ne change pas lorsque l'on multiplie ou que l'on divise par un même nombre* *l'indice du radical et l'exposant de la quantité soumise au radical.*

Ainsi

$$\sqrt[n]{a^n} = \sqrt[mp]{a^{np}}.$$

En effet, on a

$$\left(\sqrt[m]{a^n}\right)^{mp} = \left[\left(\sqrt[n]{a^n}\right)^m\right]^p = (a^n)^p = a^{np}.$$

Donc $\sqrt[n]{a^n}$ est bien égale à la racine $mp^{\text{ième}}$ de a^{np}.

4. Simplification d'un radical. — *On simplifie un radical en supprimant les facteurs communs à l'indice et à l'exposant de la quantité sous le radical.*

Ainsi

$$\sqrt[36]{a^{45}} = \sqrt[4]{a^5},$$

ce qui résulte du théorème précédent.

Remarque. — Si l'exposant est un multiple de l'indice, on peut supprimer le radical en affectant la quantité qui lui est soumise, d'un exposant égal au quotient de son exposant par l'indice.

Ainsi si $n = mp$, on a

$$\sqrt[p]{a^n} = \sqrt[p]{a^{mp}} = a^m.$$

En effet, on a

$$\left(\sqrt[p]{a^{mp}}\right)^p = a^{mp}.$$

Donc a^m est bien égal à la racine $p^{\text{ième}}$ de a^n ou a^{mp}.

5. Réduction des radicaux au même indice. — *Pour réduire des radicaux au même indice, on multiplie l'indice et l'exposant de chacun d'eux par le produit des indices de tous les autres.*

Ainsi les radicaux

$$\sqrt[m]{a^\alpha}, \quad \sqrt[n]{b^\beta}, \quad \sqrt[p]{c^\gamma}$$

valent respectivement, d'après le théorème (3) :

$$\sqrt[mnp]{a^{\alpha np}}, \quad \sqrt[mnp]{b^{\beta mp}}, \quad \sqrt[mnp]{c^{\gamma mn}}.$$

Lorsque les indices ont des facteurs communs, il est bon de prendre pour indice commun le plus petit commun multiple des indices. Les calculs sont les mêmes que ceux employés pour la réduction des fractions au plus petit dénominateur commun.

Exemple. — Réduire au même indice

$$\sqrt[4]{a^3}, \quad \sqrt[12]{b^7}, \quad \sqrt[20]{c^{11}}.$$

Le plus petit commun multiple des indices est 60. On divise ce nombre successivement par les indices 4, 12 et 20 ; puis on multiplie l'indice et l'exposant de chaque radical par le quotient correspondant. On obtient ainsi pour les radicaux réduits au même indice :

$$\sqrt[60]{a^{45}}, \quad \sqrt[60]{b^{35}} \quad \sqrt[60]{c^{33}}.$$

6. Multiplication des radicaux. — *Pour faire le produit de radicaux du même indice, on multiplie les quantités placées sous les radicaux et l'on place le résultat sous un radical de même indice.*

Ainsi

$$\sqrt[m]{a} \times \sqrt[m]{b} \times \sqrt[m]{c} = \sqrt[m]{abc}.$$

En effet, la $m^{\text{ième}}$ puissance du premier membre vaut abc (1, 1°) : il est donc bien égal à $\sqrt[m]{abc}$.

Si les radicaux dont on doit faire le produit ont des indices différents, on les réduit au même indice et l'on applique ensuite la règle qui précède.

Corollaire. — Il résulte de la règle de la multiplication des radicaux que :

1° Lorsqu'un radical est multiplié par un facteur, on peut faire passer ce facteur sous le radical en l'élevant à une puissance marquée par l'indice du radical ;

2° Lorsqu'un facteur placé sous un radical a pour exposant un multiple de l'indice, on peut le faire sortir du radical en lui donnant pour exposant le quotient de la division de son exposant par l'indice.

Ainsi

$$a\sqrt[m]{b} = \sqrt[m]{a^m b} \quad \text{et} \quad \sqrt[m]{ab^{mk}} = b^k \sqrt[m]{a}.$$

7. Division des radicaux. — *Pour diviser l'un par l'autre deux radicaux de même indice, on divise l'une par l'autre les* *quantités soumises aux radicaux et l'on place le résultat sous un radical de même indice.*

Ainsi

$$\frac{\sqrt[m]{a}}{\sqrt[m]{b}} = \sqrt[m]{\frac{a}{b}}.$$

En effet, la $m^{ième}$ puissance du premier membre est égale à $\frac{a}{b}$ (1, 2°): ce premier membre est donc bien la racine $m^{ième}$ de $\frac{a}{b}$.

Si les radicaux à diviser l'un par l'autre ont des indices différents, on les réduit au même indice et l'on applique ensuite la règle qui précède.

8. Puissance des radicaux. — *On élève un radical à une puissance en élevant à cette puissance la quantité qui lui est soumise.*

Ainsi

$$\left(\sqrt[m]{a}\right)^n = \sqrt[m]{a^n}.$$

En effet

$$\left(\sqrt[m]{a}\right)^n = \sqrt[m]{a} \times \sqrt[m]{a} \times \sqrt[m]{a} \times \dots$$

Et ce produit, d'après la règle de la multiplication (6) vaut $\sqrt[m]{a^n}$.

9. Racines des radicaux. — *On extrait une racine d'indice quelconque d'un radical, en multipliant l'indice de ce radical par celui de la racine à extraire.*

Ainsi

$$\sqrt[m]{\sqrt[n]{a}} = \sqrt[mn]{a}.$$

En effet

$$\left(\sqrt[m]{\sqrt[n]{a}}\right)^{mn} = \left[\left(\sqrt[m]{\sqrt[n]{a}}\right)^n\right]^m = a.$$

Le premier membre est donc bien égal à la racine $mn^{ième}$ de a.

Exposants fractionnaires.

10. On a vu (4, Remarque) que si dans un radical $\sqrt[p]{a^n}$, l'exposant n est un multiple de l'indice p, on peut diviser cet exposant par l'indice et affecter la quantité soumise au radical d'un exposant égal au quotient obtenu. Si l'exposant n n'est pas un multiple de l'indice p, on obtient, en indiquant la division, l'expression $a^{\frac{n}{p}}$; cette expression n'a pas de sens par elle-même, mais on convient de la considérer comme représentant la valeur du radical $\sqrt[p]{a^n}$.

Remarque. — Si l'on a $\dfrac{n}{p} = \dfrac{n'}{p'}$, les expressions $a^{\frac{n}{p}}$, $a^{\frac{n'}{p'}}$ sont équivalentes.

En effet, elles représentent les radicaux

$$\sqrt[p]{a^n} \quad \text{et} \quad \sqrt[p']{a^{n'}},$$

lesquels, réduits au même indice, valent

$$\sqrt[pp']{a^{np'}} \quad \text{et} \quad \sqrt[pp']{a^{n'p}}.$$

Mais de $\dfrac{n}{p} = \dfrac{n'}{p'}$, on tire $np' = n'p$.

Donc les deux radicaux sont égaux et $a^{\frac{n}{p}} = a^{\frac{n'}{p'}}$.

Les règles du calcul des exposants entiers s'appliquent, comme on va le faire voir, aux exposants fractionnaires.

11. Multiplication. — Lorsque m et n sont des nombres entiers, on a

$$a^m \times a^n = a^{m+n}.$$

Soit n entier et $m = \dfrac{p}{q}$, on a

$$a^m \times a^n = a^{\frac{p}{q}} \times a^n = \sqrt[q]{a^p} \times a^n = \sqrt[q]{a^p \times a^{nq}} = \sqrt[q]{a^{p+nq}},$$

donc

$$a^m \times a^n = a^{\frac{p+nq}{q}} = a^{\frac{p}{q}+n} = a^{m+n}.$$

Soit maintenant $m = \dfrac{p}{q}$, $n = \dfrac{p'}{q'}$, on a

$$a^m \times a^n = a^{\frac{p}{q}} \times a^{\frac{p'}{q'}} = \sqrt[q]{a^p} \times \sqrt[q']{a^{p'}} = \sqrt[qq']{a^{pq'+qp'}},$$

donc

$$a^m \times a^n = a^{\frac{pq'+qp'}{qq'}} = a^{\frac{p}{q}+\frac{p'}{q'}} = a^{m+n}.$$

12. Division. — On a, m et n étant entiers et $m > n$:

$$\frac{a^m}{a^n} = a^{m-n}.$$

Supposons n entier et $m = \dfrac{p}{q}$, on a

$$\frac{a^m}{a^n} = \frac{a^{\frac{p}{q}}}{a^n} = \frac{\sqrt[q]{a^p}}{a^n} = \frac{\sqrt[q]{a^p}}{\sqrt[q]{a^{nq}}} = \sqrt[q]{a^{p-nq}},$$

donc

$$\frac{a^m}{a^n} = a^{\frac{p-nq}{q}} = a^{\frac{p}{q}-n} = a^{m-n}.$$

Supposons maintenant m entier et $n = \dfrac{p}{q}$, on a

$$\frac{a^m}{a^n} = \frac{a^m}{a^{\frac{p}{q}}} = \frac{a^m}{\sqrt[q]{a^p}} = \frac{\sqrt[q]{a^{mq}}}{\sqrt[q]{a^p}} = \sqrt[q]{a^{mq-p}},$$

donc

$$\frac{a^m}{a^n} = a^{\frac{mq-p}{q}} = a^{m-\frac{p}{q}} = a^{m-n}.$$

Supposons enfin $m = \dfrac{p}{q}$, $n = \dfrac{p'}{q'}$, on a

$$\frac{a^m}{a^n} = \frac{a^{\frac{p}{q}}}{a^{\frac{p'}{q'}}} = \frac{\sqrt[q]{a^p}}{\sqrt[q']{a^{p'}}} = \frac{\sqrt[qq']{a^{pq'}}}{\sqrt[qq']{a^{p'q}}} = \sqrt[qq']{a^{pq'-p'q}},$$

donc

$$\frac{a^m}{a^n} = a^{\frac{pq'-p'q}{qq'}} = a^{\frac{p}{q}-\frac{p'}{q'}} = a^{m-n}.$$

13. Élévation aux puissances. — On a, m et n étant entiers

$$(a^m)^n = a^{mn}.$$

Soit n entier et $m = \dfrac{p}{q}$, on a

$$(a^m)^n = \left(a^{\frac{p}{q}}\right)^n = \left(\sqrt[q]{a^p}\right)^n = \sqrt[q]{a^{pn}}.$$

Donc

$$(a^m)^n = a^{\frac{pn}{q}} = a^{\frac{p}{q}\times n} = a^{mn}.$$

Soit maintenant m entie et $n = \dfrac{p}{q}$, on a

$$(a^m)^n = (a^m)^{\frac{p}{q}} = \sqrt[q]{(a^m)^p} = \sqrt[q]{a^{mp}}.$$

Donc

$$(a^m)^n = a^{\frac{mp}{q}} = a^{m \times \frac{p}{q}} = a^{mn}.$$

Soit enfin $m = \dfrac{p}{q}$, $n = \dfrac{p'}{q'}$, on a

$$(a^m)^n = \left(a^{\frac{p}{q}}\right)^{\frac{p'}{q'}} = \sqrt[q']{\left(\sqrt[q]{a^p}\right)^{p'}} = \sqrt[qq']{a^{pp'}}$$

Donc

$$(a^m)^n = a^{\frac{pp'}{qq'}} = a^{\frac{p}{q} \times \frac{p'}{q'}} = a^{mn}.$$

14. Extraction des racines. — On a, m et n étant entiers

$$\sqrt[m]{a^n} = a^{\frac{n}{m}}.$$

L'indice d'un radical étant entier, le seul cas à considérer est
celui de n fractionnaire. Soit $n = \dfrac{p}{q}$, on a

$$\sqrt[m]{a^n} = \sqrt[m]{a^{\frac{p}{q}}} = \sqrt[m]{\sqrt[q]{a^p}} = \sqrt[mq]{a^p}.$$

Donc

$$\sqrt[m]{a^n} = a^{\frac{p}{mq}} = a^{\frac{p}{q}:m} = a^{\frac{n}{m}}.$$

Exposants négatifs.

15. Lorsque m est plus grand que n, le quotient de la division de a^m par a^n est égal à a^{m-n}. Si l'on suppose $n > m$ et que
l'on ait par exemple $n = m + p$, on trouve

$$\frac{a^m}{a^n} = \frac{a^m}{a^{m+p}} = \frac{1}{a^p}.$$

Or si l'on applique la règle des exposants, on a

$$\frac{a^m}{a^n} = a^{m-n} = a^{m-(m+p)} = a^{-p}.$$

Cette dernière expression n'a pas de sens par elle-même; on convient de la considérer comme représentant $\dfrac{1}{a^p}$.

Ainsi, par convention, une lettre affectée d'un exposant négatif représente le quotient de l'unité par cette lettre affectée du même exposant pris positivement.

On va faire voir que les règles du calcul sont les mêmes pour les exposants négatifs que pour les exposants positifs.

16. Multiplication. — Lorsque m et n sont positifs, on a

$$a^m \times a^n = a^{m+n}.$$

Soit m positif et n négatif ($n = -n'$); on a

$$a^m \times a^n = a^m \times a^{-n'} = a^m \times \frac{1}{a^{n'}} = a^{m-n'} = a^{m+n}.$$

Soit maintenant m et n négatifs ($m = -m'$, $n = -n'$), on a

$$a^m \times a^n = a^{-m'} \times a^{-n'} = \frac{1}{a^{m'}} \times \frac{1}{a^{n'}} = \frac{1}{a^{m'+n'}} = a^{-m'-n'} = a^{m+n}.$$

17. Division. — On a, m et n étant positifs,

$$\frac{a^m}{a^n} = a^{m-n}.$$

Soit m positif, n négatif et égal à $-n'$, on a

$$\frac{a^m}{a^n} = \frac{a^m}{a^{-n'}} = a^m : \frac{1}{a^{n'}} = a^{m+n'} = a^{m-n},$$

Soit maintenant m négatif égal à $-m'$ et n positif, on a

$$\frac{a^m}{a^n} = \frac{a^{-m'}}{a^n} = \frac{1}{a^{m'}_n} : a^n = \frac{1}{a^{m'+n}} = a^{-m'-n} = a^{m-n}.$$

Soit enfin m et n négatifs ($m = -m'$, $n = -n'$), on a

$$\frac{a^m}{a^n} = \frac{a^{-m'}}{a^{-n'}} = \frac{1}{a^{m'}} : \frac{1}{a^{n'}} = \frac{a^{n'}}{a^{m'}} = a^{n'-m'} = a^{m-n}.$$

18. Élévation aux puissances. — On a, m et n étant positifs,

$$(a^m)^n = a^{mn}.$$

Soit m positif, n négatif est égal à $-n'$, on a

$$(a^m)^n = (a^m)^{-n'} = \frac{1}{(a^m)^{n'}} = \frac{1}{a^{mn'}} = a^{-mn'} = a^{mn}.$$

Soit maintenant m négatif égal à $-m'$ et n positif, on a

$$(a^m)^n = (a^{-m'})^n = \left(\frac{1}{a^{m'}}\right)^n = \frac{1}{a^{m'n}} = a^{-m'n} = a^{mn}.$$

Soit enfin m et n négatifs ($m = -m'$, $n = -n'$), on a

$$(a^m)^n = (a^{-m'})^{-n'} = \left(\frac{1}{a^{m'}}\right)^{-n'} = \frac{1}{\left(\frac{1}{a^{m'}}\right)^{n'}} = a^{m'n'} = a^{mn}.$$

19. Extraction des racines. — On a, m et n étant positifs,

$$\sqrt[n]{a^m} = a^{\frac{m}{n}}.$$

Le seul cas à considérer est celui de m négatif. Soit $m = -m'$, on a

$$\sqrt[n]{a^m} = \sqrt[n]{a^{-m'}} = \sqrt[n]{\frac{1}{a^{m'}}} = \frac{1}{\sqrt[n]{a^{m'}}} = \frac{1}{a^{\frac{m'}{n}}} = a^{-\frac{m'}{n}} = a^{\frac{m}{n}}.$$

ÉTUDE DE LA VARIATION DU TRINOME DU SECOND DEGRÉ ET DU TRINOME BICARRÉ.

Trinôme du second degré.

1. Théorème. — *Lorsque* x *croît d'une manière continue de* $-\infty$ *à* $+\infty$, *la valeur du trinôme* ax² + bx + c *varie également d'une manière continue.*

En effet, pour une certaine valeur α attribuée à x, le trinôme vaut $a\alpha^2 + b\alpha + c$ et pour une valeur $\alpha + \varepsilon$, il vaut

$a(\alpha + \varepsilon)^2 + b(\alpha + \varepsilon) + c$. La différence entre ces valeurs est $2a\alpha\varepsilon + a\varepsilon^2 + b\varepsilon$, ou

$$\varepsilon(2a\alpha + a\varepsilon + b).$$

Le facteur $2a\alpha + a\varepsilon + b$ ayant une valeur finie, on peut prendre ε assez petit pour que le produit $\varepsilon(2a\alpha + a\varepsilon + b)$ soit aussi petit que l'on voudra. Donc pour deux valeurs de x très rapprochées l'une de l'autre, les valeurs correspondantes du trinôme diffèrent aussi peu que l'on veut, ce qu'il fallait démontrer.

2. Variations du trinôme $ax^2 + bx + c$. — Ce trinôme peut se mettre sous la forme

$$a\left[\left(x + \frac{b}{2a}\right)^2 + \frac{4ac - b^2}{4a^2}\right].$$

On a donc en représentant par y sa valeur :

$$y = a\left[\left(x + \frac{b}{2a}\right)^2 + \frac{4ac - b^2}{4a^2}\right].$$

Nous allons étudier les variations de y lorsque x croît d'une manière continue de $-\infty$ à $+\infty$.

Nous considérerons deux cas suivant que a est positif ou négatif.

1er *cas.* $a > 0$. — Lorsqu'on fait varier x de $-\infty$ à $-\dfrac{b}{2a}$, $x + \dfrac{b}{2a}\Big)^2$ varie de $+\infty$ à 0, donc y prend des valeurs décroissantes de $+\infty$ à $\dfrac{4ac - b^2}{4a}$.

x variant ensuite de $-\dfrac{b}{2a}$ à $+\infty$, $\left(x + \dfrac{b}{2a}\right)^2$ varie de 0 à $+\infty$, donc y prend des valeurs croissantes de $\dfrac{4ac - b^2}{4a}$ à $+\infty$.

En résumé donc, x croissant de $-\infty$ à $+\infty$, y décroît de $+\infty$ à $\dfrac{4ac - b^2}{4a}$ pour croître ensuite de cette dernière valeur à $+\infty$. La valeur du trinôme passe ainsi par un *minimum* $\dfrac{4ac - b^2}{4a}$ pour $x = -\dfrac{b}{2a}$.

2e *cas.* $a < o.$ — Les valeurs de y sont alors de signe contraire à celui de la quantité $\left(x + \dfrac{b}{2a}\right)^2 + \dfrac{4ac - b^2}{4a^2}$. Il résulte de là que x variant de $-\infty$ à $-\dfrac{b}{2a}$, y croît de $-\infty$ à $\dfrac{4ac - b^2}{4a}$ et que x variant de $-\dfrac{b}{2a}$ à $+\infty$, y décroît de $\dfrac{4ac - b^2}{4a}$ à $-\infty$.

Ici donc la valeur du trinôme passe par un *maximum* $\dfrac{4ac - b^2}{4a}$ pour $x = -\dfrac{b}{2a}$.

Remarque. — Il résulte de ce qui précède que le trinôme prend la même valeur (supérieure ou inférieure à $\dfrac{4ac - b^2}{4a}$, selon que a est positif ou négatif) pour deux valeurs différentes de x. Ces deux valeurs sont équidistantes de $-\dfrac{b}{2a}$, car la quantité $\left(x + \dfrac{b}{2a}\right)^2$ prend la même valeur que l'on y remplace x par $-\dfrac{b}{2a} + \varepsilon$ ou par $-\dfrac{b}{2a} - \varepsilon$.

3. Représentation géométrique des valeurs du trinôme $ax^2 + bx + c$. — On peut représenter au moyen d'une figure les valeurs que prend successivement le trinôme du second degré lorsque l'on fait varier x de $-\infty$ à $+\infty$. Ayant posé

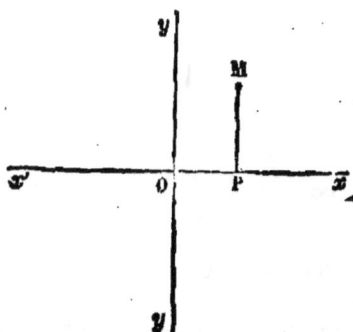

$$y = ax^2 + bx + c,$$

on trace dans un plan deux droites indéfinies xx', yy' perpendiculaires l'une sur l'autre et se coupant en un point O. On choisit une longueur quelconque pour unité et l'on convient de porter sur xx' à partir du point O des longueurs égales aux valeurs que l'on attribuera à x, les valeurs positives étant portées sur Ox et les valeurs négatives sur Ox'. En donnant à

x une valeur représentée par OP, y prendra une certaine valeur correspondante que l'on portera en PM sur la perpendiculaire élevée en P sur xx'. En répétant cette construction pour un certain nombre de valeurs différentes de x, on obtiendra une suite de points tels que le point M. Joignant ces points par un trait continu, on obtiendra une courbe qui sera la représentation géométrique des variations du trinôme. On convient de porter les valeurs positives de y au-dessus de xx' et les valeurs négatives au-dessous.

Les longueurs telles que OP et PM se nomment *les coordonnées* du point M. La droite OP est dite *l'abscisse* et la droite PM *l'ordonnée* de ce point. Les droites xx', yy' sont les *axes des coordonnées* : xx' est *l'axe des x* ou *des abscisses* ; yy' est *l'axe des y* ou *des ordonnées*. Le point O est *l'origine des coordonnées*.

Ceci posé, reprenons l'égalité $y = ax^2 + bx + c$ et mettons-la sous la forme

$$y = a\left[\left(x + \frac{b}{2a}\right)^2 + \frac{4ac - b^2}{4a^2}\right]$$

et supposons d'abord a positif.

Prenons sur xx' dans le sens convenable une longueur $OA = -\dfrac{b}{2a}$. La valeur correspondante de y, $\dfrac{4ac - b^2}{4a}$ est la plus petite, et en la portant en AB sur la perpendiculaire élevée en A sur xx', on aura en B l'extrémité de la plus petite des coordonnées de la courbe. Cette courbe se compose de deux branches infinies partant du point B et symétriques par rapport à AB. (2. Remarque.)

Pour $b^2 - 4ac > 0$, l'ordonnée AB est négative et la courbe coupe l'axe des x en deux points M, M', c'est-à-dire qu'il existe deux valeurs différentes de x pour lesquelles le trinôme devient égal à zéro. Et en effet, pour $b^2 - 4ac > 0$, l'équation $ax^2 + bx + c = 0$ a deux racines réelles et inégales.

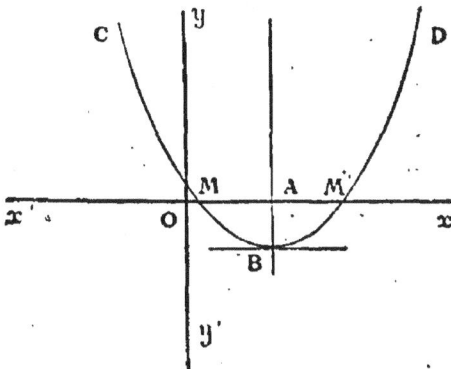

Pour $b^2 - 4ac = 0$, l'ordonnée AB est égale à zéro. L'axe des x est alors tangent à la courbe et il n'y a qu'une seule valeur de x pour laquelle le trinôme s'annule. En effet, lorsque $b^2 - 4ac = 0$, l'équation $ax^2 + bx + c = 0$ a ses deux racines réelles et égales, c'est-à-dire en réalité n'est vérifiée que par une seule valeur de x.

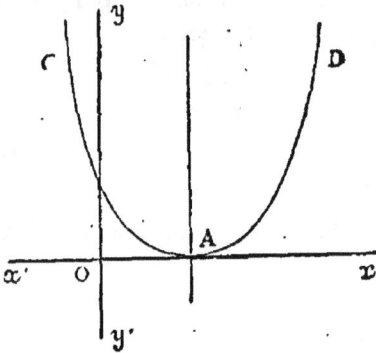

Pour $b^2 - 4ac < 0$, l'ordonnée AB est positive et la courbe ne rencontre pas l'axe des x, c'est-à-dire qu'il n'existe pas de valeur de x pour laquelle le trinôme s'annule. Et en effet, lorsque l'on a $b^2 - 4ac < 0$, l'équation $ax^2 + bx + c = 0$ a ses racines imaginaires.

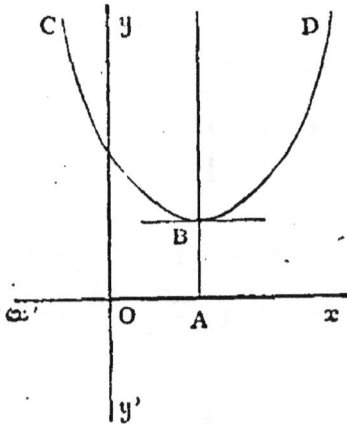

Si maintenant nous supposons $a < 0$, nous obtiendrons les mêmes résultats : seulement les branches de la courbe seront dirigées dans le sens contraire, c'est-à-dire vers Oy' et AB sera la plus grande des ordonnées de la courbe.

Trinôme bicarré.

4. Théorème. — *Lorsque* x *croît d'une manière continue de* $-\infty$ *à* $+\infty$, *la valeur du trinôme* ax⁴ + bx² + c *varie également d'une manière continue.*

La démonstration de ce théorème est semblable à celle qui a été donnée (1) pour le trinôme du second degré.

5. Variations du trinôme $ax^4 + bx^2 + c$. — Ce trinôme peut se mettre sous la forme

$$a\left[\left(x^2 + \frac{b}{2a}\right)^2 + \frac{4ac - b^2}{4a^2}\right].$$

On a donc, en représentant par y sa valeur,

$$y = a \left[\left(x^2 + \frac{b}{2a} \right)^2 + \frac{4ac - b^2}{4a^2} \right].$$

Nous allons étudier les variations de y lorsque x croît d'une manière continue de $-\infty$ à $+\infty$. Nous pouvons remarquer au préalable que le trinôme ne contenant x qu'à des puissances paires, prendra les mêmes valeurs, x variant de $-\infty$ à 0, ou variant de $+\infty$ à 0.

Nous considérerons deux cas, suivant que a et b sont de même signe ou de signes contraires.

1er *cas.* — a *et* b *sont de même signe.*

1º $a > 0$, $b > 0$.

x variant $\begin{cases} \text{de } -\infty \text{ à } 0, \ y \text{ décroît de } +\infty \text{ à } c. \\ \text{de } 0 \text{ à } +\infty, \ y \text{ croît de } c \text{ à } +\infty. \end{cases}$

Donc la valeur du trinôme passe par un minimum c pour $x = 0$.

2º $a < 0$, $b < 0$:

x variant $\begin{cases} \text{de } -\infty \text{ à } 0, \ y \text{ croît de } -\infty \text{ à } c. \\ \text{de } 0 \text{ à } +\infty, \ y \text{ décroît de } c \text{ à } -\infty. \end{cases}$

Donc la valeur du trinôme passe par un maximum c pour $x = 0$.

2e *cas.* — a *et* b *sont de signes contraires.*

1º $a > 0$, $b < 0$.

x variant $\begin{cases} \text{de } -\infty \text{ à } -\sqrt{-\dfrac{b}{2a}}, \ y \text{ décroît de } +\infty \text{ à } \dfrac{4ac - b^2}{4a}, \\[2mm] \text{de } -\sqrt{-\dfrac{b}{2a}} \text{ à } 0, \ y \text{ croît de } \dfrac{4ac - b^2}{4a} \text{ à } c ; \\[2mm] \text{de } 0 \text{ à } +\sqrt{-\dfrac{b}{2a}}, \ y \text{ décroît de } c \text{ à } \dfrac{4ac - b^2}{4a} ; \\[2mm] \text{de } +\sqrt{-\dfrac{b}{2a}} \text{ à } +\infty, \ x \text{ croît de } \dfrac{4ac - b^2}{4a} \text{ à } +\infty ; \end{cases}$

La valeur du trinôme passe deux fois par un minimum $\dfrac{4ac - b^2}{4a}$ pour $x = \pm \sqrt{-\dfrac{b}{2a}}$ et par un maximum c pour $x = 0$,

$2^o \ a < 0, b > 0.$

x variant $\begin{cases} \text{de} -\infty \text{ à } -\sqrt{-\dfrac{b}{2a}}, \ y \text{ croît de } -\infty \text{ à } \dfrac{4ac-b^2}{4a} ; \\[2mm] \text{de} -\sqrt{-\dfrac{b}{2a}} \text{ à } 0, \ y \text{ décroît de } \dfrac{4ac-b^2}{4a} \text{ à } c ; \\[2mm] \text{de } 0 \text{ à } +\sqrt{-\dfrac{b}{2a}}, \ y \text{ croît de } c \text{ à } \dfrac{4ac-b^2}{4a} ; \\[2mm] \text{de} +\sqrt{-\dfrac{b}{2a}} \text{ à } +\infty, \ y \text{ décroît de } \dfrac{4ac-b^2}{4a} \text{ à } -\infty ; \end{cases}$

Ici la valeur du trinôme passe deux fois par un maximum $\dfrac{4ac-b^2}{4a}$ pour $x = \pm\sqrt{-\dfrac{b}{2a}}$, et par un minimum c pour $x = 0$.

6. Représentation géométrique des valeurs du trinôme $ax^4 + bx^2 + c$. — On peut, comme on l'a fait pour le trinôme du second degré, représenter au moyen d'une figure les valeurs que prend successivement le trinôme $ax^4 + bx^2 + c$ lorsque x varie de $-\infty$ à $+\infty$. Il est clair que dans tous les cas, les courbes que l'on obtient se composent de deux branches symétriques par rapport à l'axe des y.

Nous allons donner quelques exemples de ces courbes, répondant à différentes hypothèses faites sur les coefficients a, b, c.

$1^o \ a > 0, b > 0, c > 0.$ — La courbe est représentée en DCD'.

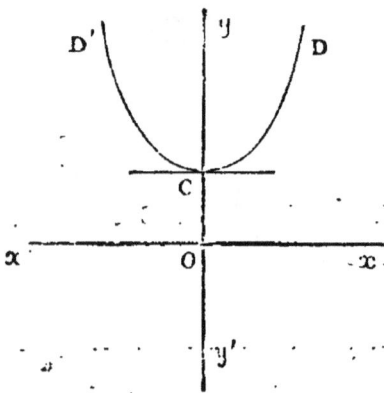

La longueur $OC = c$. Dans le cas de $c < 0$, la courbe couperait l'axe des x en deux points. En effet, lorsque l'on a $a > 0$ et $c < 0$, l'équation $ax^4 + bx^2 + c = 0$ a deux racines réelles et deux racines imaginaires.

Si a et b étaient négatifs, les branches de la courbe seraient tournées en sens contraire, c'est-à-dire vus Oy'.

$2°$ $a > 0$, $b < 0$, $4ac - b^2 > 0$. — La courbe est représentée en DBCB'D'. On a pris $OA = OA' =$

$$\sqrt{-\frac{b}{2a}},\ AB = A'B' = \frac{4ac - b^2}{4a}$$

et $OC = c$. La courbe ne rencontre pas l'axe des x, et en effet, dans les hypothèses actuelles, les racines de l'équation $ax^4 + bx^2 + c = 0$ sont imaginaires. Les branches de la courbe seraient dirigées en sens contraire si l'on avait $a < 0$, $b > 0$ et $4ac - b^2 > 0$.

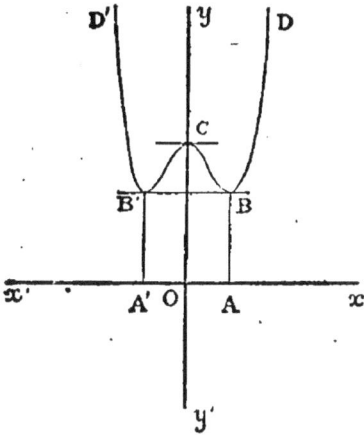

$3°$ $a > 0$, $b < 0$, $c > 0$ et $4ac - b^2 < 0$. — La courbe affecte la forme représentée en DBCB'D'.

$$\text{On a pris } OA = OA' = \sqrt{-\frac{b}{2a}},$$

$$AB = A'B' = \frac{4ac - b^2}{4a},\ OC = c.$$

La courbe coupe l'axe des x en quatre points, et en effet, dans le cas actuel, les quatre racines de l'équation $ax^4 + bx^2 + c = 0$ sont réelles. Pour $a < 0$, $b > 0$, $c < 0$ et $4ac - b^2 < 0$, les branches de la courbe seraient dirigées en sens contraire.

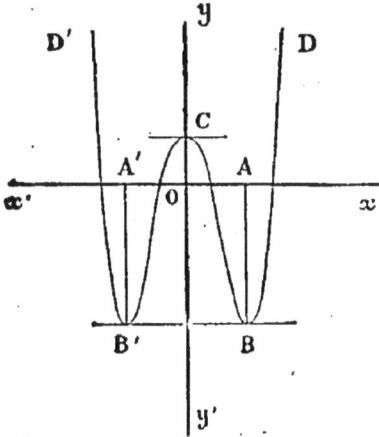

NOTIONS ÉLÉMENTAIRES SUR LA REPRÉSENTATION DES FONCTIONS EXPLICITES PAR DES COURBES.

1. Une fonction est dite *explicite*, lorsqu'elle indique les opérations à l'aide desquelles on obtiendra l'une quelconque

de ses valeurs correspondant à une valeur donnée à la variable. Ainsi dans les expressions

$$y = ax^2 + bx + c, \qquad y = ax^4 + bx^2 + c$$

$$y = \frac{x^2 + 3x + 5}{x^2 + 1}$$

y est une fonction explicite de x.

Dans l'expression $y^5 - 3y + x = 7$, y est une fonction *implicite* de x, car on ne voit pas, étant donnée une valeur de **x,** les opérations à effectuer pour obtenir la valeur correspondante de y.

Nous venons de montrer comment on étudie les variations des fonctions explicites de la forme $ax^2 + bx + c$ et $ax^4 + bx^2 + c$ et comment on les représente au moyen de courbes : nous allons nous occuper maintenant des fonctions de la forme $\dfrac{ax^2 + bx + c}{a'x^2 + b'x + c'}$.

2. Pour étudier les variations d'une fonction de la forme $\dfrac{ax^2 + bx + c}{a'x^2 + b'x + c'}$, nous déterminerons d'abord le maximum et le minimum de la fonction, s'ils existent, ainsi que les valeurs de x correspondantes. Nous chercherons ensuite les valeurs de x pour lesquelles le numérateur devient égal à zéro et aussi celles pour lesquelles le dénominateur s'annule. Nous calculerons encore la valeur que prend la fonction quand on y fait $x = \pm \infty$. Nous examinerons enfin si la fonction est croissante ou décroissante dans les intervalles ayant pour limites les valeurs données à x dans les recherches précédentes.

Nous pourrons ensuite représenter la fonction par une courbe en nous conformant aux indications qui ont été données relativement à la représentation géométrique du trinôme du second degré.

3. Exemple I. *Variations de la fonction*

$$\frac{x^2 + 3x + 5}{x^2 + 1}$$

lorsque x *varie de* $-\infty$ à $+\infty$.

Soit

$$\frac{x^2 + 3x + 5}{x^2 + 1} = y.$$

En suivant la marche indiquée pour déterminer le maximum et le minimum d'une expression algébrique, on trouve que la valeur maximum de y est $\dfrac{11}{2}$ pour $x = \dfrac{1}{3}$ et la valeur minimum est $\dfrac{1}{2}$ pour $x = -3$.

Les racines de l'équation formée en égalant le numérateur $x^2 + 3x + 5$ à zéro sont imaginaires, ainsi que celles de l'équation $x^2 + 1 = 0$, donc il n'existe pas de valeurs de x pour lesquelles le numérateur devient égal à zéro, et il en est de même pour le dénominateur. De plus, ces deux termes restent toujours positifs pour toute valeur donnée à x et par suite toutes les valeurs de y sont positives. Pour $x = \pm \infty$, $y = 1$, car la fonction peut s'écrire

$$\frac{1 + \dfrac{3}{x} + \dfrac{5}{x^2}}{1 + \dfrac{1}{x^2}}$$

et les termes fractionnaires deviennent chacun égal à zéro pour $x = \pm \infty$. Nous remarquerons enfin que y devient encore égal à 1 pour $x = -\dfrac{4}{3}$.

Ainsi x variant de $-\infty$ à -3, y varie de 1 à $\frac{1}{2}$ et x variant de -3 à $-\dfrac{4}{3}$, y varie de $\frac{1}{2}$ à 1. Il résulte de là que dans le premier intervalle, les valeurs de y marchent toujours en décroissant et dans le second en croissant, car l'équation $\dfrac{x^2 + 3x + 5}{x^2 + 1} = y$ étant du second degré en x, à une valeur de y comprise entre 1 et $\frac{1}{2}$ correspondent seulement *deux* valeurs de x, l'une comprise entre $-\infty$ et -3, l'autre entre -3 et $-\dfrac{4}{3}$. On reconnaît de même que x variant de $-\dfrac{4}{3}$ à $\dfrac{1}{3}$, y croît de 1 à $\dfrac{11}{2}$ et que x variant de $\dfrac{1}{3}$ à $+\infty$, y décroît de $\dfrac{11}{2}$ à 1.

En résumé :

$$x \text{ variant} \begin{cases} \text{de} -\infty \text{ à} -3 \\ \text{de} -3 \text{ à} -\dfrac{4}{3} \\ \text{de} -\dfrac{4}{3} \text{ à} +\dfrac{1}{3} \\ \text{de} +\dfrac{1}{3} \text{ à} +\infty \end{cases} \quad y \text{ varie} \begin{cases} \text{de 1 à } \frac{1}{2} \text{ en décroissant.} \\ \text{de } \frac{1}{2} \text{ à 1 en croissant.} \\ \text{de 1 à } \dfrac{11}{2} \text{ en croissant.} \\ \text{de } \dfrac{11}{2} \text{ à 1 en décroissant.} \end{cases}$$

Les variations de la fonction peuvent être représentées par la courbe ci-dessous. On a pris $OA = \frac{1}{3}$, $OA' = -3$, $OD = -\frac{4}{3}$, $AB = \frac{11}{2}$, $A'B' = \frac{1}{2}$, $DM = 1$. La droite CC' est parallèle à l'axe des x, la courbe s'approche indéfiniment de part et d'autre de cette parallèle qu'elle ne rencontre qu'à l'infini.

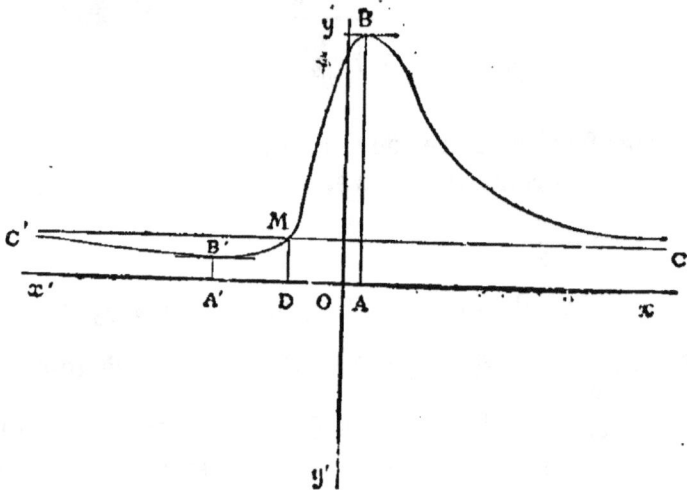

4. Exemple II. — *Variations de la fonction*

$$\frac{x^2 + x + 1}{x}.$$

lorsque x *va ie de* $-\infty$ *à* $+\infty$.
Soit

$$\frac{x^2 + x + 1}{x} = y.$$

On trouve, en suivant la marche connue, que la valeur maximum de y est -1 pour $x = -1$ et que sa valeur minimum est 5 pour $x = 1$.

Le numérateur $x^2 + x + 1$ ne s'annule jamais, car les racines de l'équation $x^2 + x + 1 = 0$ sont imaginaires ; le dénominateur est nul pour $x = 0$. La fonction est positive ou négative suivant que l'on donne à x des valeurs positives ou négatives. Enfin, pour $x = \pm\infty$, la fonction devient infinie.

Lorsque x varie de $-\infty$ à -1, y est négatif et varie de $-\infty$ à -1 et lorsque x varie de -1 à 0, y reste négatif et varie de -1 à $-\infty$. Or à toute valeur particulière de y entre -1 et $-\infty$, ne correspondent que *deux* valeurs de x dont l'une est par suite comprise entre $-\infty$ et -1 et l'autre entre -1 et 0: il résulte de là que dans le premier intervalle, les valeurs de y vont sans cesse en croissant, tandis que dans le second, elles décroissent constamment.

Lorsque x varie de 0 à 1, y devient positif. Or si l'on donne à x une valeur $\pm s$ très rapprochée de zéro, la valeur absolue de y est très grande : donc comme y est positif pour $x = +s$ et négatif pour $x = -s$, on voit que x prenant la valeur 0, y passe brusquement de $-\infty$ à $+\infty$. Ainsi x variant de 0 à 1, y varie de $+\infty$ à 5 et x variant ensuite de 1 à $+\infty$, y varie de 5 à $+\infty$. On reconnaît aisément d'ailleurs, en raisonnant comme on l'a fait plus haut, que dans le premier intervalle, les valeurs de y vont sans cesse en décroissant et sans cesse en croissant dans le second.

Nous donnons ici le tableau des variations de la fonction et la courbe qui les représente.

$$x \text{ variant} \begin{cases} \text{de } -\infty \text{ à } -1 \\ \text{de } -1 \text{ à } 0 \\ \text{de } 0 \text{ à } +1 \\ \text{de } +1 \text{ à } +\infty \end{cases} y \text{ varie} \begin{cases} \text{de } -\infty \text{ à } -1 \text{ en croissant.} \\ \text{de } -1 \text{ à } -\infty \text{ en décrois.} \\ \text{de } +\infty \text{ à } 5 \text{ en décroissant} \\ \text{de } 5 \text{ à } +\infty \text{ en croissant.} \end{cases}$$

Dans la figure on a pris $OA = -1$, $OA' = 1$, $AB = 5$, $A'B' = -1$.

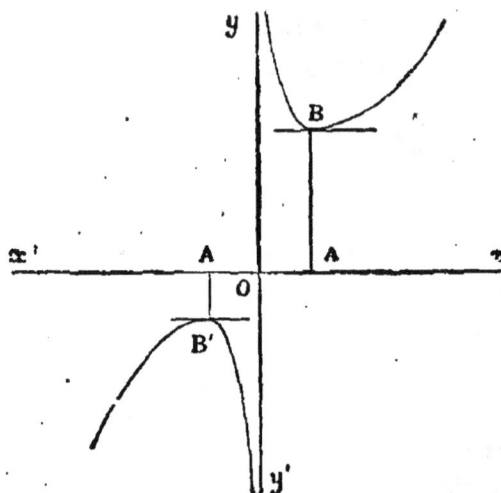

5. Exemple III. — *Variations de la fonction*

$$\frac{x-3}{(x-2)^2}$$

lorsque x *varie de* $-\infty$ *à* $+\infty$.

Soit

$$\frac{x-3}{(x-2)^2} = y.$$

On trouve ici que la valeur maximum de y est $\frac{1}{4}$ pour $x=4$ et qu'il n'y a pas de minimum.

Le numérateur devient égal à o pour $x=3$ et le dénominateur pour $x=2$. Pour $x=\pm\infty$, y devient égal à zéro. Enfin les valeurs de y sont positives tant que x est supérieur à 3 et négatives dans le cas contraire.

x variant de $-\infty$ à 2, y varie de o à $-\infty$ et x variant de 2 à 3, y varie de $-\infty$ à o. Or à une valeur de y comprise entre o et $-\infty$, ne sauraient correspondre que *deux* valeurs de x; l'une est comprise entre $-\infty$ et 2, l'autre entre 2 et 3 : Donc dans le premier intervalle y va sans cesse en décroissant et sans cesse en croissant dans le second.

. x variant ensuite de 3 à 4, y varie de o à son maximum $\frac{1}{4}$ et x variant de 4 à $+\infty$, y varie de $\frac{1}{4}$ à o. On reconnaît encore que dans le premier intervalle y croît constamment et décroît de même dans le second.

14

Voici le tableau des variations de la fonction et la courbe qui les représente.

$$x \text{ variant} \begin{cases} \text{de} - \infty \text{ à } 2 \\ \text{de } 2 \text{ à } 3 \\ \text{de } 3 \text{ à } 4 \\ \text{de } 4 \text{ à } + \infty \end{cases} \quad y \text{ varie} \begin{cases} \text{de o à } - \infty \text{ en décroissant.} \\ \text{de } - \infty \text{ à o en croissant.} \\ \text{de o à } \dfrac{1}{4} \text{ en crois ant.} \\ \text{de } \dfrac{1}{4} \text{ à o en décroissant.} \end{cases}$$

Dans la figure, on a pris $OA = 2$, $OB = 3$, $OC = 4$, $CD = \dfrac{1}{4}$ et l'on a mené MM′ parallèle à yy'. Les branches de la courbe rencontrent cette droite à l'infini.

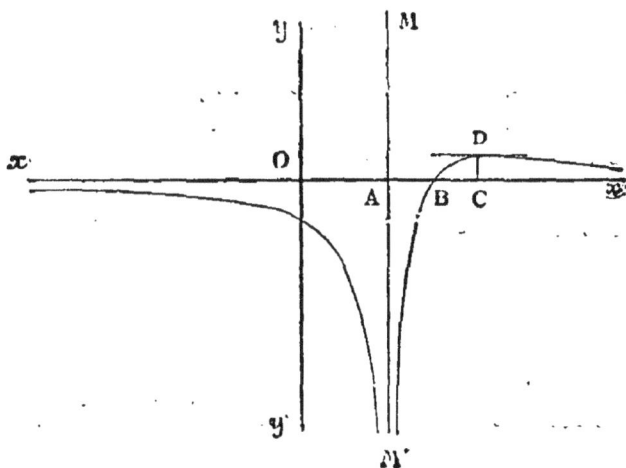

6. Exemple IV. — *Variations de la fonction*

$$\frac{x^2 - 4x + 3}{x^2 - 6x + 8}$$

lorsque x varie de $- \infty$ *à* $+ \infty$.

Soit

$$\frac{x^2 - 4x + 3}{x^2 - 6x + 8} = y.$$

Lc fonction n'a ni maximum, ni minimum. Le numérateur devient égal à zéro pour $x = 1$ et aussi pour $x = 3$. Le dénominateur s'annule pour $x = 2$ et aussi pour $x = 4$. Pour $x = \pm \infty$, la fraction devient égale à 1. Elle devient aussi égale à 1 pour $x = \dfrac{5}{2}$. Elle est positive pour les valeurs de x inférieures à 1 ou

supérieures à 4 et aussi pour les valeurs de x comprises entre
2 et 3. Pour les autres valeurs de x, elle est négative.

x variant de $-\infty$ à 1, y est positif et varie de 1 à 0 ; x prenant ensuite la valeur de 1 à 2, y devient négatif et varie de 0
à $-\infty$ en décroissant d'ailleurs constamment dans ces deux
intervalles. — Pour la valeur de x comprise entre 2 et 3, y re-
devient positif, passe brusquement de $-\infty$ à $+\infty$ et décroît
de $+\infty$ à 0 pour devenir ensuite négatif et décroître de 0 à
$-\infty$ lorsque x varie de 3 à 4. Enfin x variant de 4 à $+\infty$, y
passe brusquement de $-\infty$ à $+\infty$ et décroît jusqu'à 1.

On reconnaît que les valeurs de y sont toujours décroissantes
en remarquant que y varie entre les mêmes limites pour deux
séries de valeurs de x et raisonnant ensuite comme on l'a fait
dans les exemples précédents.

Voici le tableau des variations de la fonction et la courbe
qui les représente.

x variant
$\begin{cases} \text{de} -\infty \text{ à } 1 \\ \text{de } 1 \text{ à } 2 \\ \text{de } 2 \text{ à } \dfrac{5}{2} \\ \text{de } \dfrac{5}{2} \text{ à } 3 \\ \text{de } 3 \text{ à } 4 \\ \text{de } 4 \text{ à } +\infty \end{cases}$
y varie
$\begin{cases} \text{de } 1 \text{ à } 0 \\ \text{de } 0 \text{ à } -\infty \\ \text{de } +\infty \text{ à } 1 \\ \text{de } 1 \text{ à } 0 \\ \text{de } 0 \text{ à } -\infty \\ \text{de } +\infty \text{ à } 1 \end{cases}$
toujours
en
décroissant.

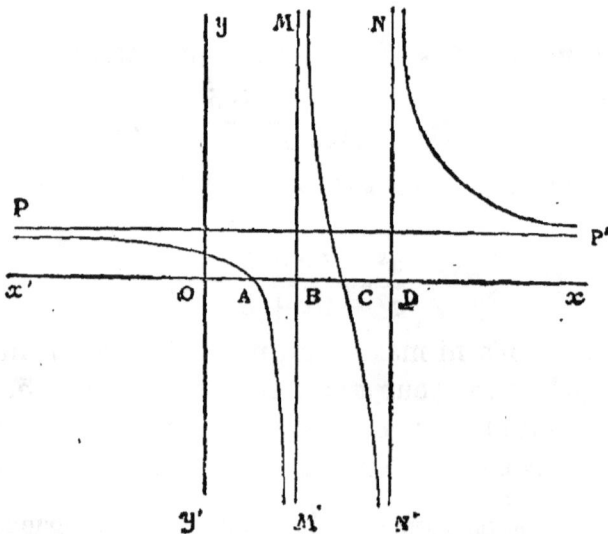

Dans la figure, on a pris $OA = 1$, $OB = 2$, $OC = 3$, $OD =$ on a mené MM′, NN′ parallèles à yy' et PP′ parallèle à l'axe des x, distante de cet axe d'une longueur égale à 1.

EXERCICES

CALCUL ALGÉBRIQUE.

1. Effectuer le produit
$$\left(x^{m-1} + ax^{m-2} + a^2x^{m-3} + a^3x^{m-4} + \ldots + a^{m-1}\right)(x - a).$$

2. Effectuer le produit
$$\left(x^{m-1} - ax^{m-2} + a^2x^{m-3} - a^3x^{m-4} + \ldots - a^{m-1}\right)(x + a).$$

3. Vérifier l'égalité
$$(a^2 + b^2)(c^2 + d^2) = (ac + bd)^2 + (ad - bc)^2.$$

4. Diviser $32x^5 + 243$ par $2x + 3$ (B.) (*).

5. Diviser $x^4 + 1$ par $x^2 + ax + 1$, et déterminer la valeur de a pour laquelle la division se fera exactement.

6. Quelle valeur faut-il attribuer à b pour que le polynome
$$7a^4 - 5a^3 + 2a^2 - 6a + b$$
soit divisible par $a + 5$?

7. Diviser $x^4 - x + 1$ par $x^2 + 1$ en ordonnant successivement par rapport aux puissances décroissantes, puis croissantes de x. Faire voir que les deux quotients obtenus sont identiques.

8. Démontrer que si un polynome entier en x devient égal à zéro lorsqu'on y remplace x par des valeurs a, b, c ... différentes l'une de l'autre, le polynome est divisible par le produit $(x - a)$, $(x - b)$, $(x - c)$ ...

9. Établir la condition de divisibilité de $x^m \pm a^m$ par $x^n \pm a^n$.

10. Établir la condition de divisibilité de $x^m - a^n$ par $x^p - a^q$.

(*) Les questions marquées (B.) ont été données en composition aux examens du Baccalauréat ès sciences.

11. Établir la loi de formation du quotient de la division d'un polynome de la forme

$$Ax^m + Bx^{m-1} + Cx^{m-2} + \ldots + Rx^2 + Sx + T$$

par $x - a$.

12. Trouver le reste de la division d'un polynome entier en x par $a^2 - x^2$, et en déduire les conditions de possibilité de l'opération.

13. Simplifier la fraction

$$\frac{x^2 - 7x + 6}{x^2 - 5x + 4} \cdot$$

14. Effectuer l'addition des fractions

$$\frac{1}{(a-1)^2} + \frac{1}{(a+1)^2} - \frac{1}{a^2 - 1} \cdot$$

15. Effectuer le calcul

$$\frac{a - b}{a^2 + ab + b^2} - \frac{(a + b)^2}{a^3 - b^3} \cdot$$

16. Effectuer le calcul

$$\frac{(a + b)^2}{(a - b)^2} \times \frac{a^3 - ab^2 + a^2b - b^3}{a^2 - b^2} \cdot$$

17. Effectuer le calcul

$$\frac{a^4 - b^4}{a + b} : \frac{a - b}{a^3 + b^3} \cdot$$

18. Simplifier l'expression

$$\left[\frac{a(a + b)}{b - a} + a\right]\left[a - \frac{a(2a + b)}{a + b}\right](a^2 - b^2) : 2ab(a^3 - b^3).$$

19. Trouver la valeur que prend l'expression

$$\frac{(2a + b)b^2x}{a(a + b)^2} - \frac{bx}{a} + \frac{3abc}{a + b} - 3cx + \frac{a^2b^2}{(a + b)^3},$$

lorsqu'on y remplace x par $\dfrac{ab}{a + b} \cdot$

20. Quelle est la plus grande des fractions

$$\frac{a - b}{a + b}, \quad \frac{a^2 - b^2}{a^2 + b^2}, \quad \frac{a^3 - b^3}{a^3 + b^3},$$

a étant supposé plus grand que b ?

ÉQUATIONS DU PREMIER DEGRÉ.

21. Résoudre l'équation

$$\frac{x}{5} - 11 + \frac{2x}{9} = \frac{7}{12} - x + \frac{3x}{45} + \frac{4032}{12} \, .$$

22. Résoudre l'équation

$$\frac{x}{(a-b)^2} - (a+b)^2 = \frac{1}{a^2 - b^2} + \frac{x}{(a+b)^2} \, .$$

23. Résoudre le système

$$\begin{cases} 2x + 3y = 2, \\ 7x - 4y = \dfrac{13}{6} \, . \end{cases}$$

24. Résoudre le système

$$\begin{cases} \dfrac{x}{2} + \dfrac{y}{8} = 7, \\ \dfrac{x}{5} - \dfrac{y}{12} = \dfrac{2}{3} \, . \end{cases}$$

25. Résoudre le système

$$\begin{cases} 2x + 5y + 3z = 46, \\ 3x - 2y - z = 2; \\ 5x + 3y - 2z = 20. \end{cases} \qquad \text{(B.)}$$

26. Résoudre le système

$$\begin{cases} 2x - 3y - z = 1, \\ 3x + 2y - 2z = 13, \\ 5x - 4y - 2z = 11. \end{cases} \qquad \text{(B.)}$$

27. Résoudre le système

$$\begin{cases} \dfrac{x}{3} + \dfrac{y}{5} + \dfrac{2z}{7} = 58, \\ \dfrac{5x}{4} + \dfrac{y}{6} + \dfrac{z}{3} = 76, \\ \dfrac{x}{2} - \dfrac{y}{5} + \dfrac{7z}{40} = \dfrac{147}{5} \, . \end{cases} \qquad \text{(B.)}$$

28. Résoudre le système

$$\begin{cases} 3z + 2u - 5y = 18, \\ 3x + y - 4u = 9, \\ x + 7z - 6y = 33, \\ 5z - 2x - 8y + 2u = 15. \end{cases} \qquad \text{(B.)}$$

29. Résoudre le système

$$\begin{cases} \dfrac{1}{x} + \dfrac{1}{y} = 2, \\[2mm] \dfrac{1}{x} + \dfrac{1}{z} = 3, \\[2mm] \dfrac{1}{y} + \dfrac{1}{z} = 7. \end{cases}$$

30. Résoudre le système

$$\begin{cases} \dfrac{x+y}{xyz} = a, \\[2mm] \dfrac{y+z}{xyz} = b, \\[2mm] \dfrac{x+z}{xyz} = c. \end{cases}$$

31. Résoudre le système

$$\begin{cases} x + y = az, \\ z + x = by, \\ z + y = cx. \end{cases}$$

32. Résoudre en nombres entiers l'équation

$$x + y = xy.$$

33. Résoudre le système

$$\begin{cases} a(x+y) + b(x-y) = c, \\ a'(x+y) + b'(x-y) = c. \end{cases}$$

34. Étant donné le système

$$\begin{cases} ax + by = c, \\ a'x + b'y = c', \end{cases}$$

trouver le rapport des inconnues $\dfrac{x}{y}$ sans résoudre au préalable les équations.

35. Démontrer que si l'équation $ax = b$ admet deux solutions, elle en a une infinité.

36. Démontrer que si le système

$$\begin{cases} ax + by = c, \\ a'x + b'y = c', \end{cases}$$

est vérifié par deux systèmes différents de valeurs pour x et y, il est indéterminé.

37. Trouver la relation qui doit exister entre les coefficients a, b, a', b' pour que l'expression

$$\frac{ax + b}{a'x + b'},$$

ait toujours la même valeur quel que soit x.

38. Trouver la valeur que prend l'expression

$$\frac{x^2 - 5x + 6}{x^2 - 4x + 3},$$

lorsque l'on y fait $x = 3$.

39. Trouver la valeur que prend l'expression

$$\frac{a^3 - a^2b - ab^2 + b^3}{a^2 - b^2},$$

lorsque l'on fait $a = b$.

40. Trouver la valeur que prend l'expression

$$\frac{a^3 - 1}{a^2 - 1},$$

pour $a = 1$.

41. Trouver la valeur que prend l'expression

$$\frac{x^m - a^m}{x^p - a^p},$$

pour $x = a$.

42. Trouver la limite vers laquelle tend l'expression

$$\sqrt{x + 1} - \sqrt{x}$$

lorsque x croît indéfiniment.

43. Un cône droit à base circulaire a une hauteur constante et son rayon de base croît indéfiniment : déterminer la limite vers laquelle tend la différence entre sa surface latérale et la surface de sa base.

44. Deux points A et B sont distants de 225 kilomètres ; les 100 kilogrammes de charbon coûtent en A, 3^f,75 et en B, 4^f,25. On demande : 1° de trouver le point de la ligne AB où le charbon coûte le même prix, qu'il vienne de A ou de B ; 2° de démontrer que ce point est celui de la ligne AB où le charbon coûte le plus cher. Le prix de transport est de 0^f,08 par tonne et par kilomètre. (B.)

45. Un nombre est composé de trois chiffres dont la somme est égale à 8 ; le chiffre des centaines est le triple de celui des unités, et si l'on retranche 396 du nombre proposé on trouve pour résultat ce nombre renversé. Quel est ce nombre ?

46. Une montre marquant midi, les aiguilles des heures, des minutes et des secondes sont au même point : à quelle heure l'aiguille des secondes sera-t-elle la bissectrice de l'angle formé par les deux autres aiguilles ?

47. Une personne A a deux fois l'âge qu'une autre personne B avait lorsque A avait l'âge qu'a actuellement B. Lorsque B aura l'âge qu'a actuellement A, les âges réunis de A et B formeront 63 ans. Calculer l'âge de chacune des deux personnes.

48. Étant donnée la fraction $\frac{a}{b}$, trouver un nombre x tel que l'on ait

$$\frac{a + x}{b + x} = \frac{m}{n},$$

m et n étant des quantités données. Discuter.

49. On a m kilogrammes d'eau de mer qui contiennent p kilogrammes de sel ; combien de kilogrammes d'eau douce faut-il ajouter pour que m kilogrammes du mélange ne contiennent plus que p' kilogrammes de sel ? Discuter.

50. Un ouvrier fait a mètres d'ouvrage par jour, un second fait b mètres par jour et a sur le premier une avance de k mètres. Au bout de combien de jours les deux ouvriers auront-ils fait le même nombre de mètres ? Discuter.

51. Une fontaine remplit un bassin de capacité a en m heures ; une seconde fontaine remplit un bassin de capacité b en n heures : on fait couler la première pendant p heures, et ensuite toutes les deux

ensemble. Au bout de combien de temps les deux bassins contiendront-ils la même quantité d'eau ? Discuter.

52. Deux courriers partent de deux points A et B distants de 200 kilomètres et se dirigent vers un point C situé au delà du point B par rapport au point A. Ils marchent d'un mouvement uniforme et ont pour vitesse, le courrier en A 25 kilomètres et celui en B 15 kilomètres. A quelle distance du point C les deux courriers se rencontreront-ils ? On suppose BC = 400 kilomètres.

53. Une personne a employé un ouvrier pendant 12 journées en hiver, puis pendant 15 journées en été pour chacune desquelles elle lui donnait 2 francs de plus que par journée d'hiver. La première fois l'ouvrier a reçu une gratification de 8 francs et la seconde fois il a subi une retenue de 13 francs. On demande de trouver le prix qu'il reçoit par chaque journée d'hiver, sachant qu'il a reçu les deux fois la même somme.

54. Pour payer une somme de 85 francs on a donné 5 pièces d'une espèce et 3 pièces d'une autre espèce ; une autre fois, pour payer 55 francs, on a donné 3 pièces de la première espèce et une pièce de la seconde. Trouver la valeur des pièces de chaque espèce.

55. On a une couronne circulaire comprise entre deux circonférences concentriques, l'aire de cette couronne vaut 4 mètres carrés, et la différence des rayons des deux cercles = $3^m,1416$. Calculer la longueur de chacun des rayons. (B.)

56. Un trapèze ABCD ayant AB et CD pour bases a deux angles droits en A et C : déterminer la distance du point C à laquelle se fait la rencontre des côtés non parallèles prolongés. (B.)

57. Mener une parallèle à la base d'un triangle de manière à former un trapèze de périmètre donné.

58. Inscrire dans un triangle un rectangle de périmètre donné.

59. Trouver sur l'hypoténuse d'un triangle rectangle un point tel que la somme de ses distances aux deux côtés de l'angle soit égale à une longueur donnée.

60. Trouver sur l'hypoténuse d'un triangle rectangle un point tel que la différence de ses distances aux deux côtés de l'angle droit soit égale à une longueur donnée.

61. Étant donnés un angle droit XOY et un point P intérieur, mener la sécante MPN telle que l'on ait $\frac{1}{OM} + \frac{1}{ON} = \frac{1}{K}$, K étant une longueur donnée.

ÉQUATIONS DU SECOND DEGRÉ.

62. Résoudre l'équation $x^2 + \dfrac{b}{a} x + \dfrac{c}{a} = 0$ en considérant $\dfrac{c}{a} + \dfrac{b}{a} x$ comme étant les deux premiers termes du carré d'un binome.

63. Résoudre l'équation complète du second degré en posant $x = y + k$, k étant une indéterminée, et profitant ensuite de l'indétermination de k pour faire évanouir dans l'équation obtenue le terme du premier degré en y.

64 Résoudre l'équation complète du second degré en posant $x = \dfrac{1}{y}$.

65. Quelle valeur faut-il donner à a pour que l'expression

$$3x^2 - ax - x + 1$$

devienne un carré parfait ?

66. Démontrer que si l'équation $ax^2 + bx + c = 0$ est vérifiée par trois valeurs différentes de x, elle admet une infinité de solutions.

67. Exprimer en fonction des coefficients a, b, c :
1° La différence des racines de l'équation $ax^2 + bx + c = 0$,
2° La somme des inverses,
3° La somme des carrés,
4° La différence des carrés, } de ces mêmes racines.
5° La somme des cubes,
6° La différence des cubes,

68. Étant donnée l'équation $ax^2 + bx + c = 0$, former une seconde équation dont les racines soient respectivement égales à celles de la première augmentées chacune d'une même quantité k.

69. Former une équation du second degré dont les racines soient les carrés des racines de l'équation $ax^2 + bx + c = 0$.

70. Trouver, sans résoudre l'équation $ax^2 + bx + c = 0$, le rapport qui existe entre les racines.

71. Établir la condition pour que les racines de l'équation $ax^2 + bx + c = 0$ soient égales et de signes contraires.

72. Résoudre l'équation $(x - a)(x - b) = k^2$ dans laquelle a et q sont des quantités positives. Montrer *à priori* que cette équation a deux racines réelles.

73. Étant donnée l'équation $ax^2 + bx + c = 0$, établir la relation qui doit exister entre a, b, c pour que le rapport des racines soit égal à $\dfrac{m}{n}$. On examinera le cas particulier de $m = n$.

74. Former une équation du second degré dont la somme des racines soit égale à 6 et la somme de leurs carrés égale à 54.

75. On donne l'équation $x^2 + ax + 3a = 0$. Quelle valeur faut-il donner à la quantité a pour que l'une des racines soit le double de l'autre?

76. Établir la relation qui doit exister entre les coefficients de deux équations complètes du second degré pour que ces équations aient une racine commune.

77. Les deux équations $ax^2 + bx + c = 0$, $my^2 + ny + p = 0$ ont une racine commune. Déterminer cette racine sans résoudre les équations.

78. Établir la relation qui doit exister entre les coefficients de deux équations complètes du second degré pour que les racines de ces équations soient proportionnelles.

79. Étant donnée l'équation $x^2 + ax + 4 = 0$, déterminer a de telle sorte que la différence des racines soit égale à 4.

80. Établir la relation qui doit exister entre a, b, c, pour que dans l'équation $ax^2 + bx + c = 0$, on ait $x'^3 + x''^3 = k$, k étant un nombre donné.

81. Établir la relation qui doit exister entre les coefficients de l'équation $ax^2 + bx + c = 0$ pour que l'une des racines de cette équation soit égale au carré de l'autre.

82. Décomposer le polynome $x^3 + px^2 + qx + r$ en trois facteurs du premier degré en x, sachant que ce polynome devient égal à zéro lorsqu'on suppose $x = a$? (B.)

83. Comment varie le trinome $x^2 - 6x + 15$ lorsqu'on fait croître x de $-\infty$ à $+\infty$?(B.)

84. Résoudre l'équation $x^4 - 8x^2 + a^2 = 0$. Déterminer les valeurs de a pour lesquelles les quatre racines sont réelles.

85. Établir la condition moyennant laquelle une équation a ses racines deux à deux égales et de signes contraires.

86. Résoudre l'équation

$$\frac{a}{x} = \frac{x-1}{x-a}$$

et déterminer les limites entre lesquelles la quantité a doit être comprise pour que les racines soient réelles.

87. Résoudre l'équation

$$\frac{1}{x^2} + \frac{1}{x^2+2} = \frac{1}{a^2}$$

et faire voir que la quantité a étant supposée réelle, deux racines de l'équation sont toujours réelles et les deux autres imaginaires.

88. Résoudre l'équation

$$\frac{x^2}{x^2-a^2} + \frac{x^2}{x^2-b^2} = 4$$

et faire voir que les racines sont toujours réelles, quelques valeurs réelles que l'on donne à a et b.

89. Résoudre l'équation

$$\frac{1}{x-a} + \frac{1}{x-b} = \frac{1}{x-c}$$

dans laquelle les quantités données a, b, c sont réelles et positives. Donner en outre les conditions pour que les racines soient aussi réelles et positives.

90. Résoudre l'équation

$$\frac{1}{x^2} + \frac{1}{x^2-4} = \frac{1}{a^2}$$

et démontrer que n étant réel, les racines de cette équation sont toujours réelles et déterminer la limite vers laquelle tendent ces racines lorsque a croît définitivement.

91. Résoudre l'équation

$$x + \sqrt{a^2 - x^2} = b.$$

92. Résoudre l'équation

$$x - 5 = \sqrt{x+1}.$$

93. Résoudre l'équation

$$x - 1 = \sqrt{1 - \sqrt{x^4 - x^2}}.$$ (B.)

94. Résoudre l'équation

$$\sqrt{1 + 2x} + \sqrt{1 + x} = 1.$$

95. Résoudre l'équation

$$\sqrt{8x + 1} + \sqrt{5x - 1} = 5.$$

96. Résoudre l'équation

$$\sqrt{x + 1} + \sqrt{x + 6} = 5.$$ (B.)

97. Résoudre l'équation

$$\sqrt{2 + x} + \sqrt{x} = \frac{4}{\sqrt{2 + x}}.$$

98. Résoudre l'équation

$$\frac{\sqrt{a + x} + \sqrt{a - x}}{\sqrt{a + x} - \sqrt{a - x}} = \sqrt{b}.$$

99. Résoudre l'équation

$$x + \sqrt{a^2 + x^2} = \frac{5a^2}{2\sqrt{a^2 + x^2}}.$$

100. Résoudre l'équation

$$(2x - 3)^2 - (5x + 1)^2 = 0.$$

101. Résoudre l'équation

$$ax^5 + bx^4 + cx^3 + ax^2 + bx + c = 0.$$

102. Résoudre le système

$$2x^2 - 5y^2 = 95,$$
$$xy = 77.$$ (B.)

103. Résoudre le système

$$x^2 - y^2 = 2,297,$$
$$xy = 3,247.$$ (B.)

104. Résoudre le système

$$x - y = 1,023,$$
$$x^2 + y^2 = 13,199.$$ (B.)

105. Résoudre le système

$$xy^2 = 18,$$
$$x + y^2 = 11.$$

(B.)

106. Résoudre le système

$$5x^2 - 2y^2 = 19,$$
$$2x^2 + 5y^2 = 38.$$

(B.)

107. Résoudre le système

$$x + y = \frac{21}{8},$$

$$\frac{x}{y} - \frac{y}{x} = \frac{35}{6}.$$

108. Résoudre le système

$$xy^2 + x^2y = 30,$$

$$\frac{1}{x} + \frac{1}{y} = \frac{5}{6}.$$

109. Résoudre le système

$$a(x + y) + bxy = c,$$
$$a'(x + y) + b'xy = c'.$$

110. Résoudre le système

$$27x^3 + 8y^3 = 35,$$
$$3x + 2y = 5.$$

111. Résoudre les deux équations

$$ax + by = c,$$
$$x^2 + y^2 = 1,$$

et chercher les conditions de réalité des racines. (B.)

112. Résoudre le système

$$x - y = a,$$
$$bx^2 - cy^2 = d.$$

Examiner le cas de $b = c$. (B.)

113. Résoudre le système

$$\frac{x}{y} = \frac{z}{t},$$
$$x + t = 2a,$$
$$y + z = 2b,$$
$$x^2 + y^2 + z^2 + t^2 = 4k^2.$$

114. Résoudre le système

$$\frac{x}{a} = \frac{y}{b} = \frac{z}{c},$$
$$x^2 + y^2 + z^2 = k^2.$$

115. Résoudre le système

$$x(y + z) = a,$$
$$y(z + x) = b,$$
$$z(x + y) = c.$$

116. Calculer les côtés d'un triangle rectangle sachant qu'ils sont exprimés par trois nombres entiers consécutifs. (B.)

117. Calculer les côtés d'un triangle rectangle sachant que la somme de leurs carrés est égale à 6050 et que le périmètre du triangle vaut 132 mètres. (B.)

118. Trouver 4 nombres en proportion connaissant la somme de leurs carrés 62,5 ; sachant de plus que le premier surpasse le second de 4 et que le troisième surpasse le quatrième de 3. (B.)

119. Deux lumières sont distantes de 6 mètres ; l'intensité de la première est 1 et l'intensité de la seconde est 4,5. A quelle distance de la seconde faut-il placer un écran sur la ligne qui joint les deux lumières pour qu'il soit également éclairé ? (B.)

120. Calculer la profondeur d'un puits sachant qu'il s'est écoulé 58″ entre l'instant où l'on a laissé tomber une pierre dans ce puits et celui où l'on a entendu le bruit de la chute. La vitesse du son égale 340 mètres par seconde et l'intensité de la pesanteur égale 9,8088. (B.)

121. Une personne achète du drap pour 240 francs : si le mètre coûtait 4 francs de plus, elle en aurait eu 3 mètres de moins. Quel est le prix du mètre ?

122. Deux courriers marchent uniformément en partant en même temps de deux points A et B et se dirigeant l'un vers l'autre. Celui parti du point A arrive en B 4 heures après avoir rencontré l'autre, et ce dernier arrive en A 9 heures après avoir rencontré l'autre. Au bout de combien de temps se sont-ils rencontrés ?

123. Trouver la base du système de numération dans lequel le nombre 12551 s'écrirait 30407.

124. Deux cordes d'un cercle se coupent ; les deux parties de l'une valent respectivement 1ᵐ,2 et 2ᵐ,1 ; de plus la différence entre les deux parties de l'autre est 1^m,84. Calculer la longueur de cette dernière corde. (B.)

125. Les deux bases d'un trapèze valent respectivement 18 mètres et 12 mètres, la hauteur égale 7 mètres : à quelle distance de la grande basse faut-il lui mener une parallèle pour que cette parallèle partage la surface du trapèze en deux parties équivalentes ? (B.)

126. La hauteur d'un trapèze égale 10 mètres, sa surface est égale à celle du rectangle qui aurait pour dimensions ses bases ; de plus, le quadruple de la hauteur vaut deux fois la base inférieure, moins trois fois la base supérieure : calculer la longueur de chaque base. (B.)

127. Mener par le sommet d'un triangle une droite aboutissant au côté opposé et qui détermine deux triangles tels que leur somme soit au rectangle des segments de la base dans un rapport donné k. (B.)

128. Même question en substituant le mot différence au mot somme. (B.)

129. La hauteur d'un prisme droit vaut un décimètre ; chaque base est un rectangle dont l'un des côtés est double de l'autre. De plus, les deux bases et les quatre faces latérales ont une surface totale de 28 centimètres carrés. Calculer l'aire des bases et celle des faces latérales. (B.)

130. Un cylindre et un tronc de cône ont des hauteurs égales ; le rayon de base du cylindre est égal à celui d'une des bases du tronc ; quel doit être le rapport des rayons des bases de ce dernier pour que son volume soit les deux tiers de celui du cylindre ? (B.)

131. Calculer les côtés de l'angle droit d'un triangle rectangle connaissant l'hypoténuse et sachant que le produit de ces côtés est égal à la différence de leurs carrés. (B.)

132. Calculer les côtés de l'angle droit d'un triangle rectangle connaissant : 1° l'hypoténuse ; 2° la somme de ces côtés et de la hauteur abaissée sur l'hypoténuse. (B.)

133. Calculer les deux côtés de l'angle droit d'un triangle rectangle connaissant l'hypoténuse a et sachant que le solide engendré par la révolution du triangle autour de l'hypoténuse est égal au volume d'une sphère de rayon R donné. (B.)

134. Etant donné un rectangle ABCD dans lequel AB=a, BC=b,

on mène par un point P pris sur la diagonale AC deux droites EF,GH respectivement parallèles aux côtés AB,BC du rectangle et l'on demande de calculer les dimensions PE,PH du rectangle EPHD sachant que sa surface est la n^{ième} partie de la surface du rectangle ABCD. — On calculera en outre la surface du rectangle PGBF. (B.)

135. Calculer les rayons de base d'un tronc de cône circonscrit à une sphère de rayon donné sachant que le rapport de la surface totale du tronc de cône à la surface de la sphère est égal à un nombre donné *m*. (B.)

136. Étant donné un hémisphère, trouver le rayon d'un cercle parallèle à la base de l'hémisphère, et tel que le rapport du volume du tronc de cône ayant pour base supérieure le cercle parallèle à la base de l'hémisphère et cette dernière pour base inférieure, au volume de la sphère ayant pour diamètre la distance des deux plans parallèles, soit égal à un nombre donné *m*. (B.)

137. On donne une sphère et un diamètre AB : à quelle distance de l'une des extrémités A de ce diamètre faut-il lui mener un plan perpendiculaire pour que la surface de la calotte sphérique déterminée par le plan du côté du sommet A soit égale à la surface latérale du cône ayant pour sommet B et pour base la section déterminée par le plan ? (B.)

138. Quelle doit être la hauteur d'un cône circulaire droit circonscrit à une sphère de rayon donné pour que le rapport de la surface totale du cône à la surface de la sphère soit égal à un nombre donné *m* ? (B.)

139. La base d'une pyramide régulière est un triangle équilatéral dont le côté est *a*. La hauteur de la pyramide est égale à 2*a*. A quelle distance de la base faut-il mener un plan parallèle pour que la surface de la section déterminée par ce plan soit égale à la surface latérale du tronc de pyramide déterminé par le plan sécant? (B.)

140. Étant donné le rayon R de base et le côté *a* d'un cône circulaire droit, à quelle distance du sommet faut-il mener un plan parallèle à la base pour que la surface totale du cône ayant la section pour base soit égale à la surface totale du tronc de cône déterminé par cette section ? (B.)

141. Connaissant les rayons des deux bases d'un tronc de cône et sa hauteur, déterminer sur la droite qui joint les centres des deux bases, un point S tel que les deux cônes ayant ce point pour sommet

et pour bases respectives les deux bases du tronc de cône aient leurs surfaces latérales équivalentes. (B.)

142. Calculer le rayon de la base et le côté d'un cône, sachant que la surface totale du cône est égale à la surface d'un cercle donné et que la surface du triangle rectangle qui engendre le cône est égale à m^2. (B.)

143. On donne une sphère de rayon R et un diamètre AOB de cette sphère ; on mène un plan DCE perpendiculaire à AB qui coupe cette droite au point C : déterminer la distance AC de telle sorte que le rapport du segment de sphère DAE au secteur sphérique DOE soit égal à un nombre donné m. (B.)

144. Étant donné un tronc de cône circulaire droit ABDC, dont le rayon OA de la base inférieure est double du rayon OC de la base supérieure, calculer la distance OE à laquelle il faut mener un plan FG parallèle aux bases de telle sorte que la somme des volumes du cône OFG et du tronc de cône supérieur FGDC soit la moitié du volume du tronc de cône proposé. (B.)

145. Dans un cercle de rayon donné R, on mène une corde DE égale au côté du pentagone régulier inscrit et l'on fait tourner la figure autour du diamètre AB perpendiculaire à la corde DE. Calculer le volume du segment de sphère engendré par le demi-segment CDA. (B.)

146. On donne une demi-sphère ; on lui circonscrit un cône ayant sa base dans le plan du grand cercle qui la termine et son sommet sur une perpendiculaire à ce plan élevée au centre de la sphère : déterminer la hauteur de ce cône, sachant que sa surface totale est égale à celle d'un cercle ayant pour rayon une quantité donnée a. (B.)

147. Étant donné un demi-cercle terminé par le diamètre AB, calculer la distance AC prise sur ce diamètre telle que si l'on élève en C la perpendiculaire CD au diamètre, que l'on joigne BD et qu'on fasse tourner la figure autour de AB, le volume engendré par le segment de cercle ADC soit égal à la moitié du volume engendré par le triangle BCD. (B.)

148. Étant donné un triangle équilatéral ABC, mener une droite AD telle que le volume engendré par le triangle ABD tournant autour de AB soit égal à quatre fois le volume engendré par le triangle ADC tournant autour de AC. (B)

149. Étant donné un demi-cercle de diamètre AB, on mène une

corde AC et une seconde corde CD parallèle au diamètre ; on joint
OC, OD et l'on demande de calculer la projection de la corde AC sur le
diamètre de telle sorte qu'en faisant tourner la figure autour de AB,
le volume engendré par le segment AMC soit égal au volume
engendré par le triangle COD. (B.)

150. Étant donné un cône dans lequel la hauteur est égale à trois
fois le rayon de base, calculer le rayon du cylindre inscrit dans ce
cone et ayant sa surface totale égale à une quantité donnée. (B.)

151. Étant donné un triangle ABC rectangle en A, trouver sur
l'hypoténuse un point Q tel que la somme des carrés des perpendiculaires abaissés de ce point sur les côtés AB, AC, soit égale à un
carré donné. (B.)

152. Étant donné un cercle et deux tangentes rectangulaires
AB, AC, mener une troisième tangente rencontrant les deux autres
et formant avec elles un triangle ABC de surface donnée. (B).

153. Étant donné un demi-cercle terminé par le diamètre AB, déterminer sur AB une distance AC telle qu'élevant la perpendiculaire CD
sur AB et faisant tourner la figure autour de AB, le volume engendré par
le demi-segment ACD soit égal au volume d'un cylindre ayant CD
pour rayon de base et CB pour hauteur. (B.)

154. Étant donné un quadrant AOB, calculer la longueur de la
perpendiculaire CD élevé sur le rayon OA, telle que faisant tourner
la figure autour de OA, le rapport des volumes engendrés par la
figure OCDMB et le trapèze OCDB soit égal à une quantité donnée.(B.)

155. Étant donné le rayon de base d'un cône droit, déterminer
l'apothème de telle sorte que le rapport du volume du cône au volume
de la sphère inscrite dans ce cône soit égal à une quantité donnée.(B.)

156. Calculer les côtés d'un triangle rectangle connaissant leur produit et la hauteur abaissée sur l'hypoténuse.

157. Calculer les côtés d'un triangle rectangle connaissant les
sommes $a+b$ et $a+c$ de l'hypoténuse avec chacun des côtés de l'angle
droit.

158. Calculer les côtés d'un triangle rectangle connaissant le périmètre et la surface.

159. Calculer les côtés d'un triangle rectangle connaissant la somme
des deux côtés de l'angle droit et la hauteur abaissée sur l'hypoténuse.

160. Calculer les côtés de l'angle droit d'un triangle rectangle connaissant l'hypoténuse et le rayon du cercle inscrit.

161. On donne les trois côtés a, b, c d'un triangle et l'on suppose $a>b>c$: déterminer la quantité x qu'il faut retrancher de chaque côté pour que le triangle qui aurait pour côtés $a-x, b-x, c-x$ soit rectangle.

162. Un cylindre et un cône droits à bases circulaires ont leurs hauteurs égales, les surfaces totales égales et les volumes égaux. La hauteur est donnée et l'on demande de calculer les rayons des bases.

163. Calculer le côté du carré inscrit dans l'un des deux segments déterminés dans un cercle par une corde de longueur donnée.

164. Étant donné un demi-cercle de diamètre AB, mener un rayon OM et une tangente MC rencontrant le diamètre prolongé en C, tels que le triangle OMC ait un périmètre donné.

165. Étant donné un demi-cercle, on mène aux extrémités du diamètre qui le termine deux tangentes et l'on demande de mener une troisième tangente telle que la surface du trapèze qu'elle forme avec les deux autres soit égale à un carré donné m^2.

166. Étant donné un cercle, mener une corde telle que la somme de cette corde et de sa distance au centre soit égale à une longueur donnée.

167. On donne un demi-cercle BCA terminé au diamètre AB; on mène AT tangente au point A et l'on demande de trouver sur le prolongement du diamètre AB au delà du point A un point P tel qu'en menant la tangente PC qui rencontre AT au point M et faisant tourner la figure autour de la droite BAP, les volumes engendrés par le triangle AMP et le demi-cercle BCA soient équivalents.

168. On donne un rectangle ABCD et l'on propose de le partager en trois parties par deux droites issues du sommet A telles que si l'on fait tourner le rectangle autour du côté CD, les volumes engendrés par chacune de ces parties soient équivalents.

169. Étant donné un rectangle ABCD, déterminer sur la base CD un point M tel qu'en le joignant au point A et en faisant tourner la figure autour de AB, on ait : surface AM = surface MC.

170. Étant donnés deux parallèles et un point P situé sur leur perpendiculaire commune AB, inscrire entre ces parallèles un triangle équilatéral ayant l'un de ses sommets en P.

171. Dans un demi-cercle terminé par le diamètre AB, on mène les cordes AC, CD, DB dont l'une CD est parallèle au diamètre : connaissant la longueur de chacune de ces cordes, on demande de calculer le rayon du cercle.

172. Étant données deux circonférences extérieures telles que le rayon de l'une est double de celui de l'autre, trouver sur la ligne des centres OO' un point P tel que menant les tangentes PA, PA' et joignant OA, OA', les triangles POA, PO'A' aient leurs surfaces égales.

173. Trouver sur l'hypoténuse d'un triangle rectangle ABC un point M tel que joignant AM et abaissant MH perpendiculaire sur AC, on ait la surface du triangle AMH égale à une quantité donnée.

174. Étant donné un demi-cercle terminé par le diamètre AB, trouver sur ce diamètre un point C tel qu'élevant la perpendiculaire CD et joignant AD, DB, la somme des volumes engendrés par les deux segments AMD, DNB tournant autour de AB, soit égale à une quantité donnée.

175. Étant donné un rectangle ABCD, trouver sur le côté AB un point M tel que joignant MD, on ait la somme $\overline{MB}^2 + \overline{MD}^2$ égale à un carré donné K^2.

176. Étant donné un triangle équilatéral ABC, mener une parallèle MN à la base BC de telle sorte que l'on ait $\overline{BM}^2 + \overline{MN}^2 + \overline{NC}^2 = k^2$, k^2 étant un carré donné.

177. Étant donné un triangle équilatéral ABC, mener une parallèle MN au côté BC de telle sorte qu'en joignant le milieu P du côté BC aux points M et N on ait $\overline{PM}^2 + \overline{MN}^2 + \overline{NP}^2 = k^2$, k^2 étant un carré donné.

178. Étant donné un triangle rectangle ABC, trouver sur le côté AB un point M tel qu'en joignant MC on ait $\overline{MC}^2 + \overline{MB}^2 + \overline{AM}^2 = k^2$, k^2 étant un carré donné.

179. Étant donné un triangle isocèle ABC, trouver sur la base BC un point P tel que joignant AP, on ait $\overline{AP}^2 = \overline{BP}^2 + \overline{PC}^2$.

180. Étant donnés un cercle, un diamètre BC et un rayon OA perpendiculaire sur ce diamètre, mener par le point A la corde AMN coupant le diamètre en M et telle que l'on ait $\overline{AM}^2 + \overline{MN}^2 = k^2$, k^2 étant un carré donné.

181. Étant donnée une sphère, calculer les rayons d'un tronc de cône circonscrit ayant sa surface totale donnée.

182. Étant donnés deux parallèles et deux points A et B sur l'une d'elles, trouver sur l'autre un point M tel que joignant MA, MB, on ait MA = 2 MB.

183. Étant données deux circonférences concentriques, calculer le côté d'un carré ayant deux de ses sommets situés sur l'une d'elles et les deux autres sommets sur l'autre.

184. Étant donné un demi-cercle terminé par le diamètre AB, trouver sur AB un point C tel qu'élevant la perpendiculaire CD sur AB, on ait la somme AC+CD égale à une quantité donnée.

185. Étant donné un demi-cercle, mener la corde AC et la corde CD parallèle au diamètre AB de telle sorte que la somme AC+CD soit égale à une quantité donnée.

186. Étant donné un demi cercle de diamètre AB, mener le rayon OM tel que faisant tourner la figure autour de AB, la somme des surfaces engendrées par OM et par l'arc MB soit égale à la surface d'un cercle donnée πa^2

187. Étant donnés un demi cercle et les tangentes menées aux extrémités de son diamètre AB, mener une troisième tengente CD telle que faisant tourner le trapèze ABCD autour de AB, il engendre un volume égal à celui d'une sphère de rayon donné a.

188. Étant donné le triangle ABC rectangle en A, déterminer sur BC un point tel que menant MN et MP respectivement perpendiculaires sur AC et AB et faisant tourner la figure autour de BC, le volume engendré par le rectangle APMN soit égal à la somme des volumes engendrés par les triangles BMP, CMN.

189. Dans le triangle équilatéral ABC, mener par le point O milieu de BC la droite HK telle que l'on ait surf. BOK + surf. OHC = surf. ABC.

190. Étant donné un quadrant AOB, trouver sur l'arc AB un point M tel que joignant MB et abaissant MP perpendiculaire sur AO, le rapport $\dfrac{MB}{MP}$ soit égal à un nombre donné.

191. Étant donné un quadrant AOB, mener le rayon OM tel que faisant tourner la figure autour de OB, la somme des surfaces engendrées par OM et par l'arc BM soit égale à une quantité donnée.

192. Étant données une circonférence et une tangente AB, mener la corde CD parallèle à AB telle qu'abaissant les perpendiculaires CA,

BD sur AB, le rectangle ABCD ainsi formé ait sa diagonale de longueur donnée.

193. Étant donné un demi-cercle, mener une corde AC telle que faisant tourner la figure autour du diamètre AB, le rapport des surfaces engendrées par la corde AC et par l'arc CMB, soit égal à un nombre donné.

194. Étant donné un rectangle ABCD, trouver sur le côté AB un point P tel que joignant PC, on ait $\dfrac{\overline{PC}^2}{AP \times PB} = m$, m étant un nombre donné.

195. Dans un triangle ABC rectangle en A, mener la droite AP telle que l'on ait $\dfrac{\overline{AP}^2}{BP \times PC} = m$, m étant un nombre donné.

196. Étant donné un demi-cercle de diamètre AB, trouver sur la circonférence un point M tel que joignant MA, MB le rapport des volumes engendrés en tournant autour de AB par les segments de cercle déterminés ainsi, soit égal à un nombre donné.

197. Étant donné un demi-cercle, on prolonge le diamètre AB d'une longueur BC égale au rayon et l'on élève CD perpendiculaire sur AC: mener la droite OMD telle qu'en faisant tourner la figure autour de AC, on ait le volume engendré par le secteur circulaire OMB égal à la $n^{\text{ième}}$ partie du volume engendré par la figure MDCB.

198. Inscrire dans un cône un cylindre tel que le rapport du volume de ce cylindre au volume du tronc de cône déterminé par la base supérieure du cylindre soit égal à un nombre donné.

199. Inscrire dans un cône un cylindre dont la surface totale soit égale à la surface de base du cône.

200. Étant donné un tronc de cône dans lequel le rayon de la grande base est double du rayon de la petite, le couper par un plan parallèle aux bases et tel que la somme des volumes du tronc de cône ayant la section pour grande base et du cône ayant pour base cette section et pour sommet le centre de la grande base, soit égale à une quantité donnée.

201. Inscrire dans un demi-cercle de diamètre AB un triangle AMB tel que la bissectrice de l'angle M de ce triangle ait une longueur donnée.

202. Étant donné un triangle ABC, mener MN parallèle à AB telle que joignant BN et faisant tourner autour de BC, les volumes engendrés par les triangles BMN, AMN soient équivalents.

203. Étant donné un cercle, on imagine un cône droit ayant le cercle pour base : calculer le rayon de la sphère inscrite, sachant que le volume de cette sphère est égal à la $n^{ième}$ partie du volume du cône.

204. Trouver le maximum de la fonction

$$(x - 1)(9 - x).$$

205. Trouver le minimum de la fonction

$$(x - 3)(x + 5).$$

206. Trouver le minimum de la fonction

$$3x + \frac{27}{x} \cdot \qquad\qquad \text{(B.)}$$

207. Les nombres x et y étant assujettis à vérifier l'équation

$$ax + by = c$$

dans laquelle a, b, c désignent des quantités données positives, on demande de déterminer ces nombres de telle sorte que leur produit xy soit maximum. (B.)

208. Étant donnés les trois nombres positifs a, b, c, trouver deux nombres positifs x et y tels que l'on ait

$$ax + by = c$$

et que la somme $x^2 + y^2$ soit la plus petite possible. (B.)

209. Les lettres a, b, a' b' désignant quatre nombres donnés, déterminer la valeur de x pour laquelle la somme

$$(ax + b)^2 + (a'x + b')^2$$

est minimum. (B.)

210. Les deux quantités variables x et y étant liées par l'équation $xy = ax + by$, on demande de déterminer le maximum et le minimum de leur somme $x + y$ ainsi que les valeurs correspondantes de x et de y.

211. Trouver le maximum et le minimum de la fonction

$$\frac{3x^2 - 4x - 1}{x^2 + 2} \cdot \qquad\qquad \text{(B.)}$$

212. Trouver le maximum et le minimum de la fonction

$$\frac{3x^2 - 3x + 1}{5x^2 - 4x + 1}.$$ (B.)

213. Trouver le maximum et le minimum de la fonction

$$\frac{x^2 + 2x - 3}{x^2 - 2x + 3}.$$ (B.)

214. Trouver le maximum et le minimum de la fonction

$$\frac{6x^2 - 4x + 3}{x^2 - 4x + 1}.$$ (B.)

215. Trouver le maximum et le minimum de la fonction

$$\frac{x^2 - 7}{x + 4}.$$ (B.)

216. Trouver le maximum et le minimum de la fonction

$$\frac{x^2}{x - 1}.$$ (B.)

217. Trouver le maximum et le minimum de la fonction

$$x + \frac{1}{x}.$$ (B.)

218. Trouver le maximum et le minimum de la fonction

$$\frac{x}{x^2 + 1}.$$

219. Trouver le maximum et le minimum de la fonction

$$\frac{x^2}{x + 1}.$$

220. Trouver le maximum et le minimum de la fonction

$$\frac{x}{x^2 - 1}.$$

221. Trouver le maximum et le minimum de la faction

$$\frac{x^2 - 1}{x}.$$

222. Trouver le maximum et le minimum de la fonction

$$\frac{x^2 + 1}{x^2 - 1}.$$

223. Trouver le maximum et le minimum de la fonction

$$\frac{x^2 + x + 1}{x^2 + x - 1} .$$

224. Trouver le maximum et le minimum de la fonction

$$\frac{x}{2a - x} + \frac{2a - x}{x} .$$

225. Trouver le maximum et le minimum de la fonction

$$\frac{(x + a)(x + b)}{x} .$$

226. Trouver le maximum et le minimum de la fonction

$$\frac{x}{x + a} + \frac{x}{x + b} .$$

227. Trouver le maximum et le minimum de la fonction

$$\frac{x}{x + 2} + \frac{x + 2}{x} .$$

228. Les nombres a et b étant supposés connus, trouver le maximum et le minimum de l'expression

$$\frac{2ax + b}{x^2 + 1} .$$

Dire en particulier quelle valeur on doit attribuer aux nombres a et b pour que le maximum et le minimum de l'expression soient égaux, le premier à 4, le second à — 1. (B.)

229. La lettre a désignant une constante, déterminer les limites entre lesquelles varie la fonction

$$\frac{x^2 + 2ax + 1}{x^2 - 2ax + 1}$$

lorsque l'on fait varier x de — ∞ à + ∞. (B.)

230. Etudier les variations de la fonction

$$(x - 6)^2 (x - 2)^2$$

lorsque l'on fait varier x de — ∞ à + ∞

231. Variations de la fonction

$$x^4 - 6x^2 + 5$$

lorsque x varie de — ∞ à + ∞

232. Variations de la fonction

$$- x^4 + 2x^3 - 5$$

lorsque x varie de $-\infty$ à $+\infty$

233. Variations de la fonction

$$\frac{x^2 + x + 1}{x}.$$

lorsque x varie de $-\infty$ à $+\infty$

234. Partager le nombre 27 en deux parties telles que quatre fois le carré de la première plus cinq fois le carré de la seconde forment une somme minimum. (B.)

235. Partager le nombre 1225 en deux parties telles que trois fois la racine carrée de la première, plus quatre fois la racine carrée de la seconde, forment une somme maximum. (B.)

236. On donne une droite AB = 1 mètre (fig. 12). Déterminer le point C par la condition que le triangle équilatéral ACD, plus le carré CBEF et le triangle DCE, forment une surface minimum. (B.)

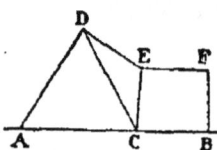

Fig. 12.

237. Inscrire dans un cercle un rectangle de surface maximum. (B.)

238. Inscrire dans un carré un rectangle de surface maximum. (B.)

239. Inscrire dans un triangle un rectangle de surface maximum. (B.)

240. Étant donné un trapèze isocèle, construire sur la grande base un rectangle inscrit dans le trapèze et dont la surface soit maximum. (B.)

241. Inscrire dans un cône un cylindre de surface latérale maximum.

242. Inscrire dans un cône un cylindre de surface totale maximum.

243. Inscrire dans une sphère un cylindre de volume maximum.

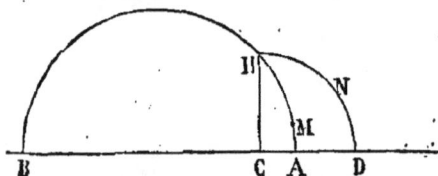

244. Étant donnée une demi-circonférence de diamètre AB (fig. 13), trouver sur ce diamètre un point C tel qu'en décrivant le quadrant CHD ayant pour rayon la perpendiculaire

Fig. 13.

CH élevée sur AB, la somme des surfaces engendrées par les arcs AMH, DNH tournant autour de AB soit maximum.

245. Inscrire dans un demi-cercle un trapèze isocèle de périmètre maximum.

246. Inscrire dans un demi-cercle un trapèze isocèle de surface maximum.

247. Inscrire dans un cercle un triangle isocèle dont la somme de la base et de la hauteur soit maximum.

248. Étant donnés deux parallèles AB, CD, une perpendiculaire commune EF et un point P pris sur la droite AB, mener par ce point une droite coupant EF en un point O et aboutissant sur l'autre parallèle en un point Q telle que si l'on fait tourner la figure autour de EF, la somme des volumes engendrés par les triangles PEO, OFQ soit minimum.

249. Étant donné un cercle, on mène un diamètre AB et au point A une tangente MAN : mener une corde CD parallèle à AB de telle sorte qu'en joignant AD, AC et faisant tourner la figure autour de MN, le volume engendré par le triangle ACD soit maximum.

250. Trouver la valeur maximum d'un angle d'un triangle sachant que la valeur de cet angle est moyenne proportionnelle entre les valeurs de deux autres angles du triangle.

251. De tous les rectangles inscrits dans un cercle, trouver celui dont le périmètre est maximum.

252. De tous les triangles rectangles avant même hypoténuse, quel est celui dont la surface est maximum ?

253. Couper une sphère par un plan de telle sorte que le volume du cône ayant pour base la section et pour sommet le centre de la sphère soit maximum.

254. Inscrire dans un secteur circulaire dont l'angle vaut 120° un rectangle de surface maximum.

255. Étant donnés un angle droit O et un point P intérieur, déterminer sur les côtés de l'angle des distances égales OA, OB telles que joignant AB, PA, PB, le triangle PAB ait sa surface maximum.

256. Étant demi-cercle terminé par le diamètre AB, trouver sur la circonférence un point C tel que joignent CA, CB, la somme m. CA + m. CB soit maximum, m et n représentant des nombres positifs quelconques.

257. Étant donné un triangle équilatéral ABC, on prolonge le côté BC d'une longueur égale CD et l'on demande de mener par le point D, une sécante DOM telle que la somme des surfaces des triangles COD, AOM soit minimum.

258. Étant donnés un triangle ABC rectangle en A et la médiane AM, trouver sur cette droite un point O tel que la somme des carrés de ses distances aux trois côtés du triangle soit minimum.

259. Étant donnés deux cercles tangents extérieurement en A, mener par le point A dans l'un une corde AB et dans l'autre une corde AC perpendiculaire sur la première, de telle sorte que la somme AB + AC soit maximum.

260. Étant donné un demi cercle de diamètre AB, mener la corde CD parallèle à AB et les cordes CA, DB, de telle sorte que le produit AC × CD × DB soit maximum.

261. Étant donné un demi-cercle terminé par le diamètre AB, mener une corde AC telle qu'en faisant tourner la figure autour de AB, la surface engendrée par AC soit maximum.

PROGRESSIONS ET LOGARITHMES.

262. Partager le nombre 87 en parties formant une progression arithmétique ayant 7 pour premier terme et 3 pour raison. (B.)

263. Combien faut-il prendre de termes dans la progression arithmétique

$$\div 5 . 9 . 13 . 17 \ldots$$

pour que leur somme soit égale à 10877 ? (B.)

264. Combien faut-il prendre de termes dans la suite des nombres entiers pour que leur somme soit égale à 5050 ?

265. Démontrer que la suite des nombres impairs est la seule progression arithmétique dans laquelle la somme des n premiers termes (n étant quelconque) est égale à n^2.

266. Calculer les côtés d'un triangle rectangle sachant qu'ils forment une progression arithmétique ayant 25 pour raison. (B.)

267. Une progression arithmétique est composée de 5 termes; on demande de les déterminer sachant que leur somme est égale à 30 et que la somme de leurs carrés est égale à 220.

268. Insérer entre deux nombres A et B le plus petit nombre de moyens arithmétiques tel qu'un nombre donné C soit l'un de ces moyens.

269. Ayant écrit la suite des nombres impairs, on les groupe comme il suit : le premier, les deux suivants, les trois qui viennent ensuite, les cinq suivants, etc.

$$(1), (3 . 5), (7 . 9 . 11), (13 . 15 . 17 . 19) \ldots$$

Prouver que la somme des nombres qui forment un groupe de rang n quelconque est égale au cube de n.

270. Deux mobiles partent en même temps de deux points A et B et marchent sur la droite AB dans le même sens, le mobile en A poursuivant celui en B. Le premier mobile parcourt 1 mètre dans la première minute, 3 mètres dans la seconde, 5 mètres dans la troisième et ainsi de suite. Le second mobile parcourt 3 mètres dans la première minute, 4 mètres dans la seconde, 5 mètres dans la troisième et ainsi de suite. Au bout de combien de minutes le premier mobile aura-t-il rejoint le second ? La distance AB = 75 mètres. (B.)

271. Trouver la somme des n premiers termes de la progression

$$\div \frac{n-1}{n} . \frac{n-2}{n} . \frac{n-3}{n} \ldots \ldots \qquad \text{(B.)}$$

272. Partager le nombre 195 en trois parties, formant une progression géométrique, et telles que la troisième soit égale à la première augmentée de 120. (B.)

273. Insérer quatre moyens géométriques entre les nombres 17,524 et 39,815. (B.)

274. Dans une progression géométrique décroissante composée d'un nombre infini de termes, la limite de la somme des termes vaut S et le second terme est égal à b : calculer la raison de la progression.

275. Trouver la somme des carrés des termes d'une progression géométrique. Condition pour qu'elle soit divisible par la somme des termes de la progression.

276. Former une progression géométrique composée d'un nombre infini de termes et telle que chaque terme soit égal à la limite de la somme des termes qui le suivent.

277. On joint les milieux des côtés d'un carré et l'on forme ainsi un second carré; on joint les milieux de ses côtés et l'on forme ainsi un troisième carré, et ainsi de suite indéfiniment : calculer la limite

de la somme des surfaces de ses carrés, le côté du premier étant supposé égal à *a*.

278. Dans un triangle ABC rectangle en A, on abaisse AH perpendiculaire sur l'hypoténuse, puis HK perpendiculaire sur le côté AC, puis KI perpendiculaire sur BC et ainsi de suite : calculer la limite de la somme de ces perpendiculaires.

279. Quelle est la base du système de logarithmes dans lequel le logarithme de 5 est égal à 1000 ? (B.)

280. Résoudre le système

$$x + y = 94$$
$$\log. x + \log y = 2,64836. \qquad\qquad (B.)$$

281. Que devient au bout de quatre ans une somme de 160000 francs placée à intérêts composés à 5 pour 100 ? (B.)

282. Combien rapporte en huit ans un capital de 3625 francs placé à intérêts composés au taux de 5 pour 100 ? (B.)

283. Quelle somme faut-il placer à intérêts composés au taux de 5 pour 100 pendant quinze ans pour qu'elle devienne 25433 francs ? (B.)

284. Quel est le capital qui placé à intérêts composés pendant sept ans au taux de 5 pour 100 devient 1314^f,70 ? (B.)

285. Une somme de 3682^f,48 placée à intérêts composés pendant huit ans a augmenté de 1546^f,75. A quel taux était-elle placée ? (B.)

286. A quel taux faut-il placer un capital à intérêts composés pendant deux ans pour qu'il s'accroisse du dixième de sa valeur ?

287. Au bout de combien de temps un capital placé à intérêt composés au taux de 5 pour 100 est-il doublé ? (B.)

288. Pendant combien de temps un capital de 24000 francs doit-il rester placé au taux de 4$^{1}/_{2}$ pour 100 pour rapporter à intérêts composés 365484^f,70 ? (B.)

289. Au bout de combien de temps est doublée la population d'un État qui augmente chaque année de la deux-cent-quatre-vingt-quatorzième partie de la valeur qu'elle avait au commencement de l'année ? (B.)

290. La population d'un État est A ; elle s'accroît chaque année de $\frac{1}{n}$ de sa valeur : la population d'un second État est B>A ; elle décroît

chaque année de $\frac{1}{p}$ de sa valeur. Au bout de combien d'années les deux populations auront-elles la même valeur ?

291. Quelle est l'annuité à payer pour éteindre en vingt ans une dette de 1 million, le taux de l'intérêt étant compté à raison de 5 pour 100 ?

292. Quelle somme unique faudrait-il payer immédiatement pour remplacer six annuités de 325 francs chacune, le taux étant 5 pour 100 ? (B.)

293. Quelle somme unique faudrait-il payer dans trois ans pour remplacer sept annuités de 6000 francs chacune, le taux étant de $4^1/_2$ pour 100 ? (B.)

294. Une personne place une somme A chez un banquier; chaque année elle retire a : au bout de combien de temps aura-t-elle tout retiré, l'intérêt étant r pour 1 franc ?

295. Une personne place une somme A chez un banquier ; chaque année elle retire une certaine somme a et au bout de n années, elle se trouve avoir tout retiré : trouver a sachant que l'intérêt est r pour 1 franc ?

296. On doit pour amortir une dette payer n annuités égales chacune à a; on veut substituer à ce paiement celui de n' annuités : quelle doit être la valeur a' de chaque nouvelle annuité? L'intérêt est r pour 1 franc.

297. Une personne doit une somme A : quelle annuité a doit-elle payer pendant trois ans pour qu'au bout de cette époque elle ne doive plus que la moitié de A ? (B.)

298. Deux sommes a et b sont placées au même taux à intérêts composés, l'une pendant n années, l'autre pendant $2n$ années ; les deux sommes réunies valent avec leurs intérêts C : trouver le taux.

299. On place une somme a à intérêts composés et une somme $a + b$ à intérêts simples, l'une et l'autre pendant 3 ans : calculer le taux sachant que les deux sommes rapportent le même intérêt.

300. Une personne place annuellement chez un banquier pendant trente ans une somme de 300 francs au taux de 4 pour 100: combien le banquier devra-t-il à la personne à la fin de la trentième année ?

FIN.

TABLE DES MATIÈRES

CHAPITRE PREMIER

CALCUL ALGÉBRIQUE

CHAPITRE II

ÉQUATIONS DU PREMIER DEGRÉ.

CHAPITRE III

ÉQUATIONS DU SECOND DEGRÉ.

CHAPITRE IV

PROGRESSIONS ET LOGARITHMES.

APPENDICE.

FIN DE LA TABLE.

CORBEIL. Typ. et stér. B. RENAUDET.

www.ingramcontent.com/pod-product-compliance
Lightning Source LLC
Chambersburg PA
CBHW071641200326
41519CB00012BA/2363